Habima Fuchs
Thomas Helbig
Renaud Jerez
Kris Lemsalu
Mary-Audrey Ramirez
Kurator / curator
Zdenek Felix

Meta-morphosis

DISTANZ

KAI 10 | ARTHENA FOUNDATION

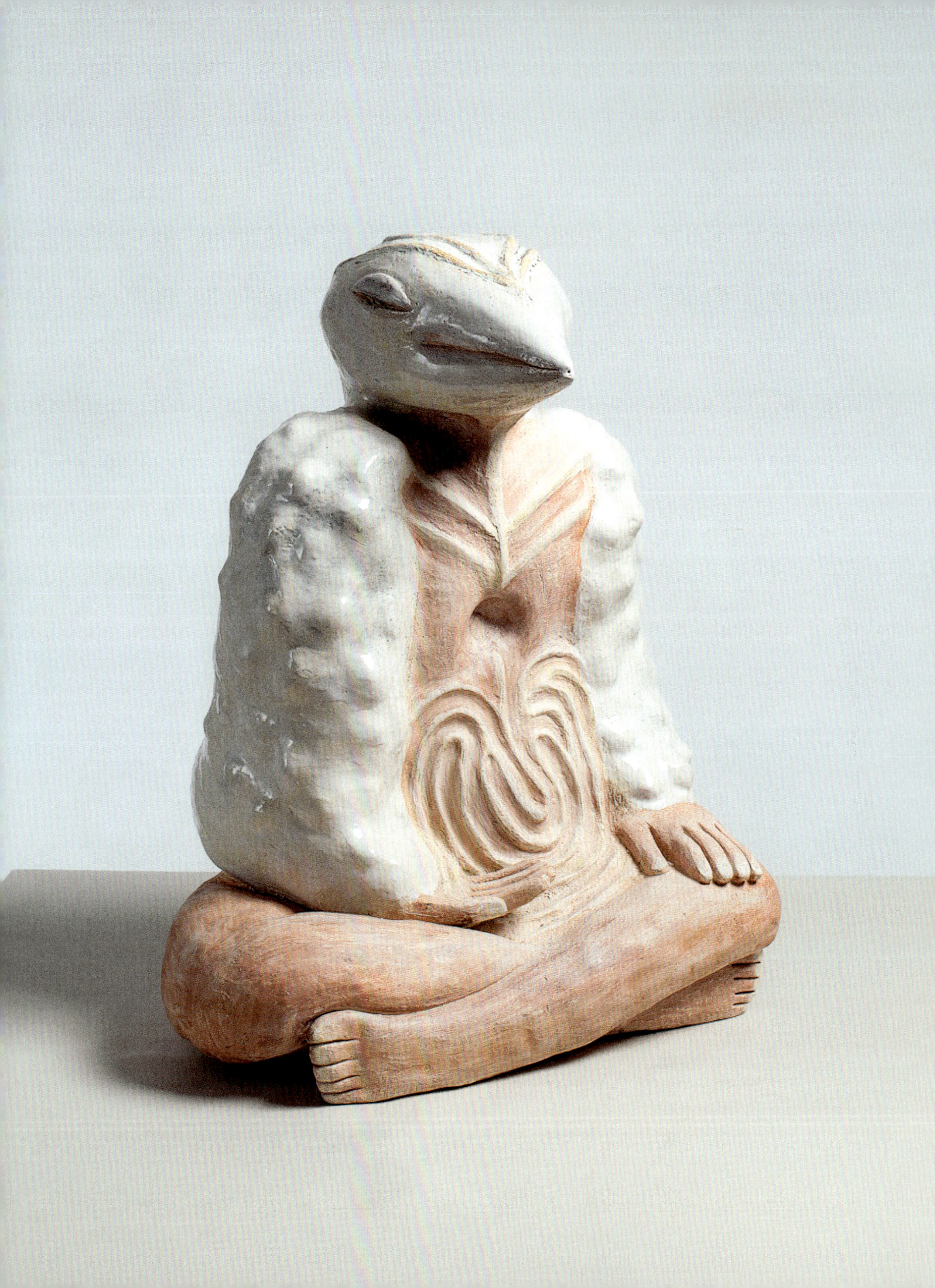

Habima Fuchs, Transformations (Spiral of Hidden Things), 2012

Inhalt
Contents

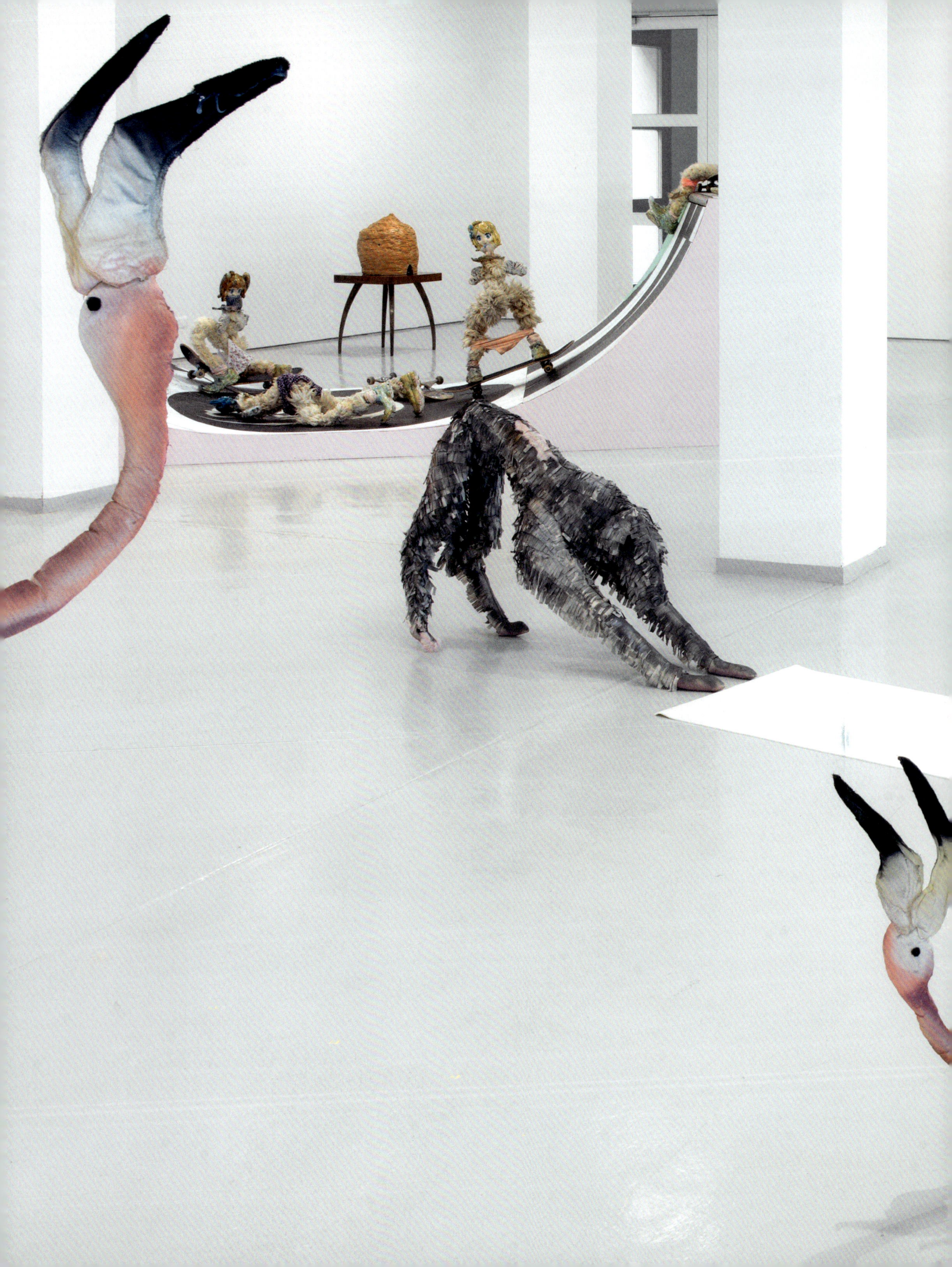

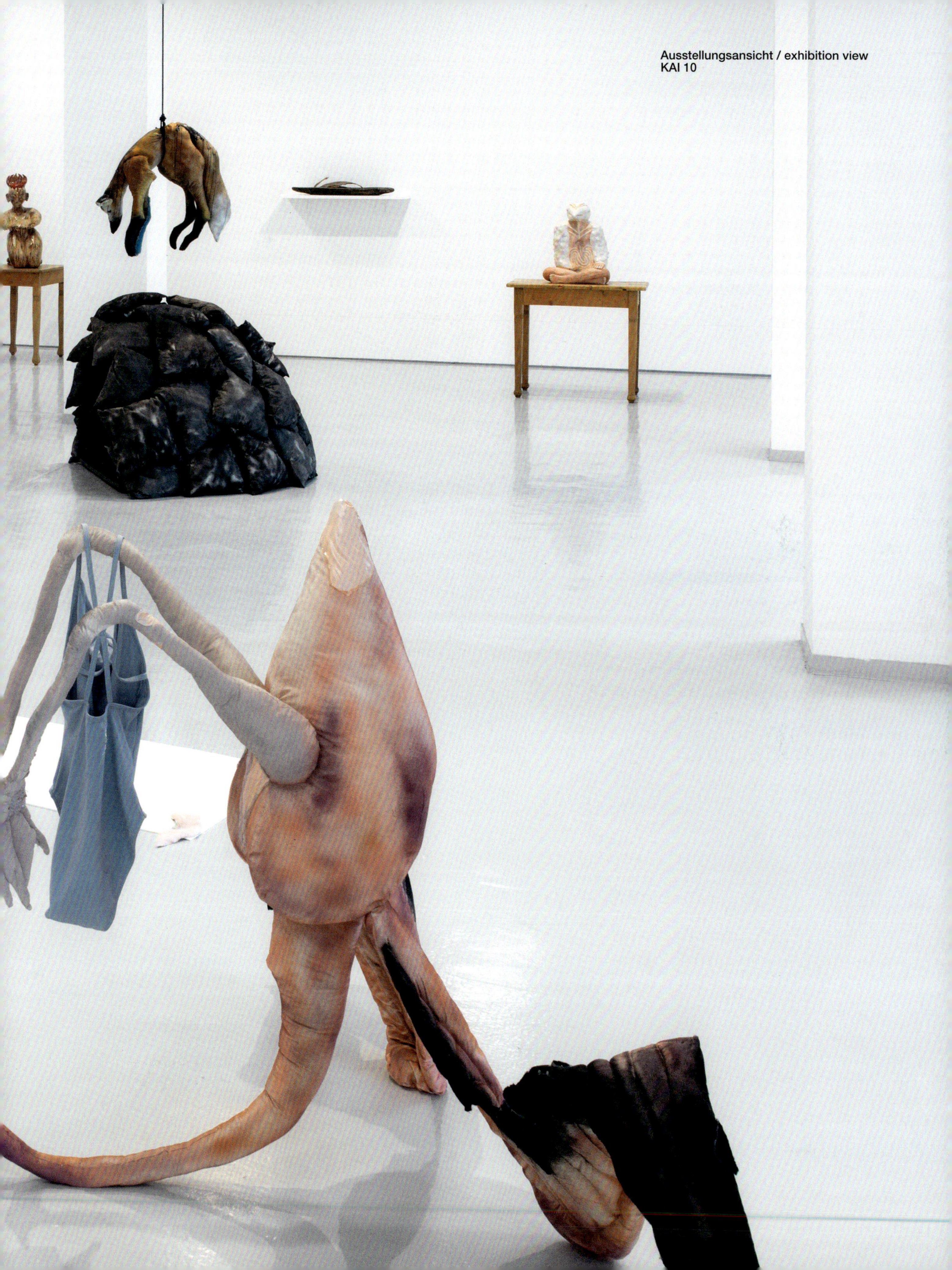

Ausstellungsansicht / exhibition view
KAI 10

Vorwort
Monika Schnetkamp

Mit der Ausstellung *Metamorphosis* setzt KAI 10 | Arthena Foundation die 2008 begonnene Reihe von thematischen Gruppenausstellungen fort. Diesmal richtet sich der Fokus auf Transformationen und Verwandlungen von Formen, Materialien, Körpern und nicht zuletzt auch von Ideen. Die gezeigten Arbeiten von Habima Fuchs, Thomas Helbig, Renaud Jerez, Kris Lemsalu und Mary-Audrey Ramirez umfassen ausschließlich dreidimensionale Objekte und Installationen, wodurch die spezifische Rolle der Verwandlung als gestalterisches Prinzip deutlich zum Ausdruck kommt.

Der vielschichtige Begriff „Metamorphosis" stammt aus dem Altgriechischen und bedeutet Verwandlung, Umgestaltung oder Veränderung. Populär wurde er im Zusammenhang mit dem römischen Lyriker Ovid, der um das Jahr 8 n. Chr. die gleichnamige Dichtung verfasste, in der einprägsame Geschichten von den Verwandlungen der Götter, Heroen, Menschen, Pflanzen und Tiere erzählt werden. Sie sind als beliebte Themen in den Kanon der europäischen Kunstgeschichte eingegangen. Zum Leitmotiv wählte Ovid die Idee des essentiellen Übergangs von einem Zustand in den anderen, wobei er sich bei den antiken Sagen und Mythen als motivischen Quellen bediente.

Im Surrealismus erfuhr der Begriff „Metamorphosis" eine Wiedergeburt. In ihren, auf unbewussten Vorstellungsebenen aufbauenden Werken verbanden die Surrealisten konträre Gegenstände und Ideen miteinander, um eine poetische und phantasievolle Wahrnehmung der Realität bei den Betrachtern zu initiieren. Für die heutigen Künstlerinnen und Künstler spielen die konträren Beziehungen zwischen Mythos und Realität wie auch die surrealistische Unversöhnlichkeit zwischen dem Bewussten und Unbewussten eine geringere Rolle. Sie zielen auf die Metamorphosen zwischen den komplementären Welten der Menschen und der Tiere, der digitalisierten Zivilisation und der Schaffung eines Bewusstseins von, wenngleich unsicheren Alternativen, im Hinblick auf die Erhaltung des humanen Lebensraumes.

Ich möchte an dieser Stelle Zdenek Felix, dem Kurator der Ausstellung, für die Entwicklung der Idee, die Arbeit mit den Künstlern und die Einrichtung vor Ort danken. Für die Koordination und die redaktionelle Betreuung des Kataloges danke ich dem Team von KAI 10: Marion Eisele, Julia Schleis, Julia Höner, Susanne Kalf-Muhtaroglu, Sabine Allroggen sowie Ute und Paul Rosenthal und allen anderen Beteiligten für die technische Realisierung. Mein besonderer Dank gilt den Autoren der Katalogbeiträge, Zdenek Felix, Dominikus Müller und Cora Waschke, die das Thema und die einzelnen Künstlerpositionen beleuchten. Die Grafikerin Petra Lüer hat sich mit gewohnter Sorgfalt der Gestaltung aller Drucksachen angenommen.

Einen essentiellen Anteil am Zustandekommen von *Metamorphosis* haben die Leihgeber: die Galerien Guido W. Baudach in Berlin, Crèvecoeur in Paris, Martinetz in Köln, SVIT in Prag, Temnikova & Kasela in Tallinn und Warhus Rittershaus in Köln. Ihnen allen gilt mein großer Dank für die reibungslose und angenehme Zusammenarbeit.

Das von KAI 10 | Arthena Foundation initiierte Projekt *Metamorphosis* findet in Kooperation mit den Galerien Guido W. Baudach in Berlin und SVIT in Prag statt, die teilweise parallel, teilweise gestaffelt spezifische Werke der beteiligten Künstlerinnen und Künstler in ihren eigenen Räumen präsentieren.

Last but not least gilt unser Dank Habima Fuchs, Thomas Helbig, Renaud Jerez, Kris Lemsalu und Mary-Audrey Ramirez für ihre wunderbaren künstlerischen Beiträge zur Ausstellung *Metamorphosis*.

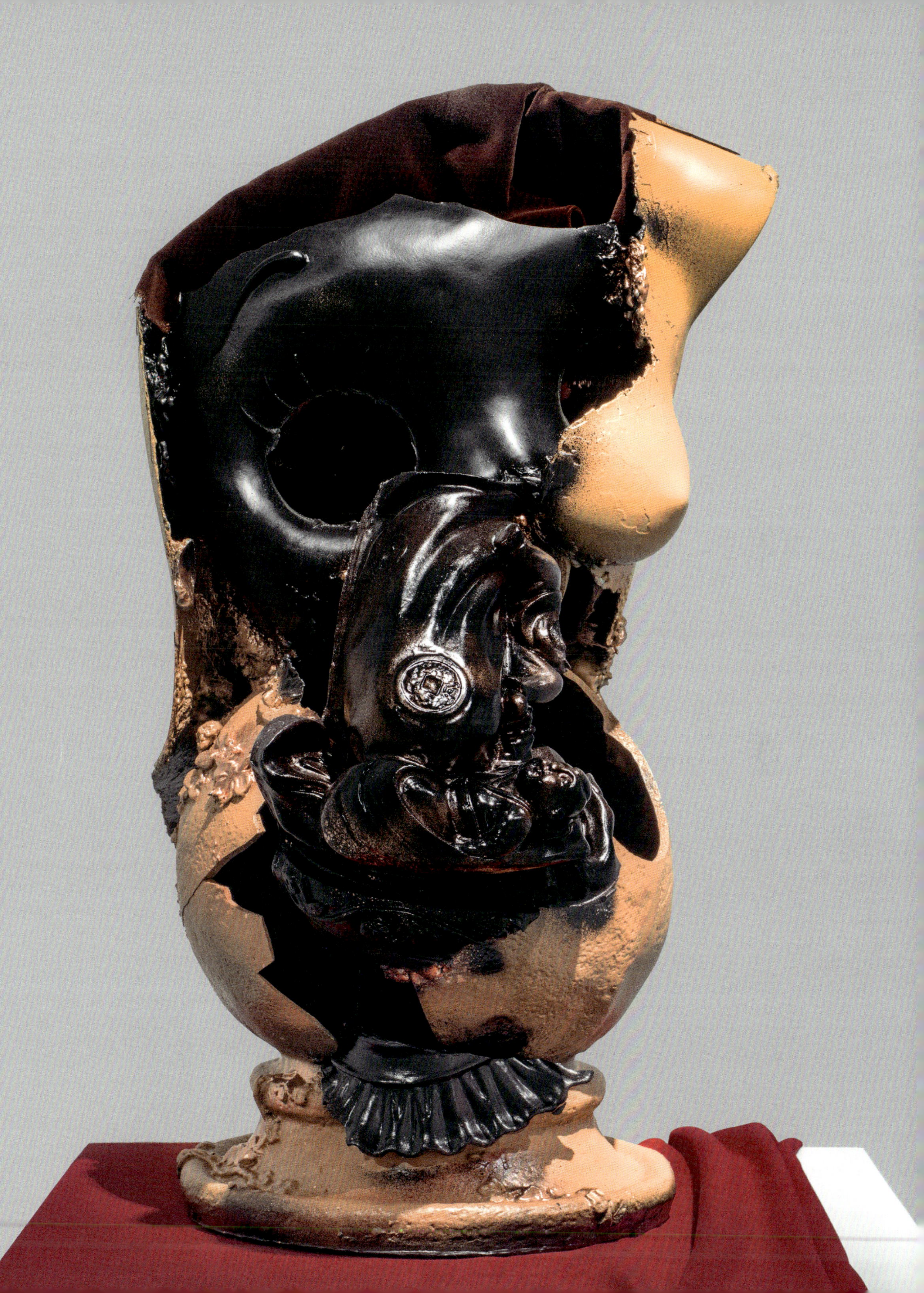

Thomas Helbig, Caligula Verstehen, 2016/2017

Foreword
Monika Schnetkamp

With the exhibition *Metamorphosis* KAI 10 | Arthena Foundation is continuing its series of thematic group exhibitions begun in 2008. This time the focus lies on the transformation and conversion of forms, materials, bodies, substances, and last but not least, ideas. The presented artworks by Habima Fuchs, Thomas Helbig, Renaud Jerez, Kris Lemsalu, and Mary-Audrey Ramirez include only three-dimensional objects and installations that clearly express the specific role played by the creative principle of transformation.

The multi-layered term "metamorphosis" comes from the ancient Greek, and means transformation, reconfiguration, or alteration. The word is probably best known in connection with the work of the Roman author Ovid, who wrote the epic poem titled *Metamorphoses* around the year eight A.D. It tells memorable stories about the transformation of gods, heroes, people, plants, and animals. These stories have been implemented in the canon of European art history. Ovid's leitmotif was the idea of the essential transition from one state to another, and he used sagas and myths of antiquity as sources for his motifs.

In Surrealism the word "metamorphosis" underwent a revival. In their works based on levels of subconscious notions, the Surrealists linked contrasting subjects and ideas with each other in order to initiate a poetic and imaginative perception of reality in viewers. For today's artists, the contradictory relationships between myth and reality, as well as the Surrealists' irreconcilable relationship between the conscious and the subconscious, play a minor role. They aim at the metamorphoses in the contrasting worlds of humans and animals, of digital civilization, and of expanding awareness regarding the maintenance of human environment.

I'd like to thank the curator of the exhibition, Zdenek Felix, for developing the concept, working with the artists, and overseeing the installation of the works on site. For coordinating the show and for editing the catalog, I owe thanks to the team at KAI 10: Marion Eisele, Julia Schleis, Julia Höner, Susanne Kalf-Muhtaroglu, Sabine Allroggen, as well as Ute and Paul Rosenthal and everyone else involved in the technical execution. Special thanks go to the authors of the catalog essays, Zdenek Felix, Dominikus Müller, and Cora Waschke, who shed light on the various aesthetic reverberations of the theme and on the individual artists' works. The graphic designer Petra Lüer took on the design of all print materials with her usual care. The lenders were essential for the realization of *Metamorphosis*: the galleries Guido W. Baudach in Berlin, Crèvecoeur in Paris, Martinetz in Cologne, SVIT in Prague, Temnikova & Kasela in Tallinn, and Warhus Rittershaus in Cologne. I am grateful to all of them for making the collaboration an easy and pleasant one.

As a project initiated by KAI 10 | Arthena Foundation, *Metamorphosis* has come about in cooperation with two partners, the galleries Guido W. Baudach in Berlin and SVIT in Prague, each of which will present works by the participating artists either parallel to the exhibition here, or at staggered times.

Last but not least, we are grateful to Habima Fuchs, Thomas Helbig, Renaud Jerez, Kris Lemsalu, and Mary-Audrey Ramirez for their wonderful artistic contributions to the exhibition *Metamorphosis*.

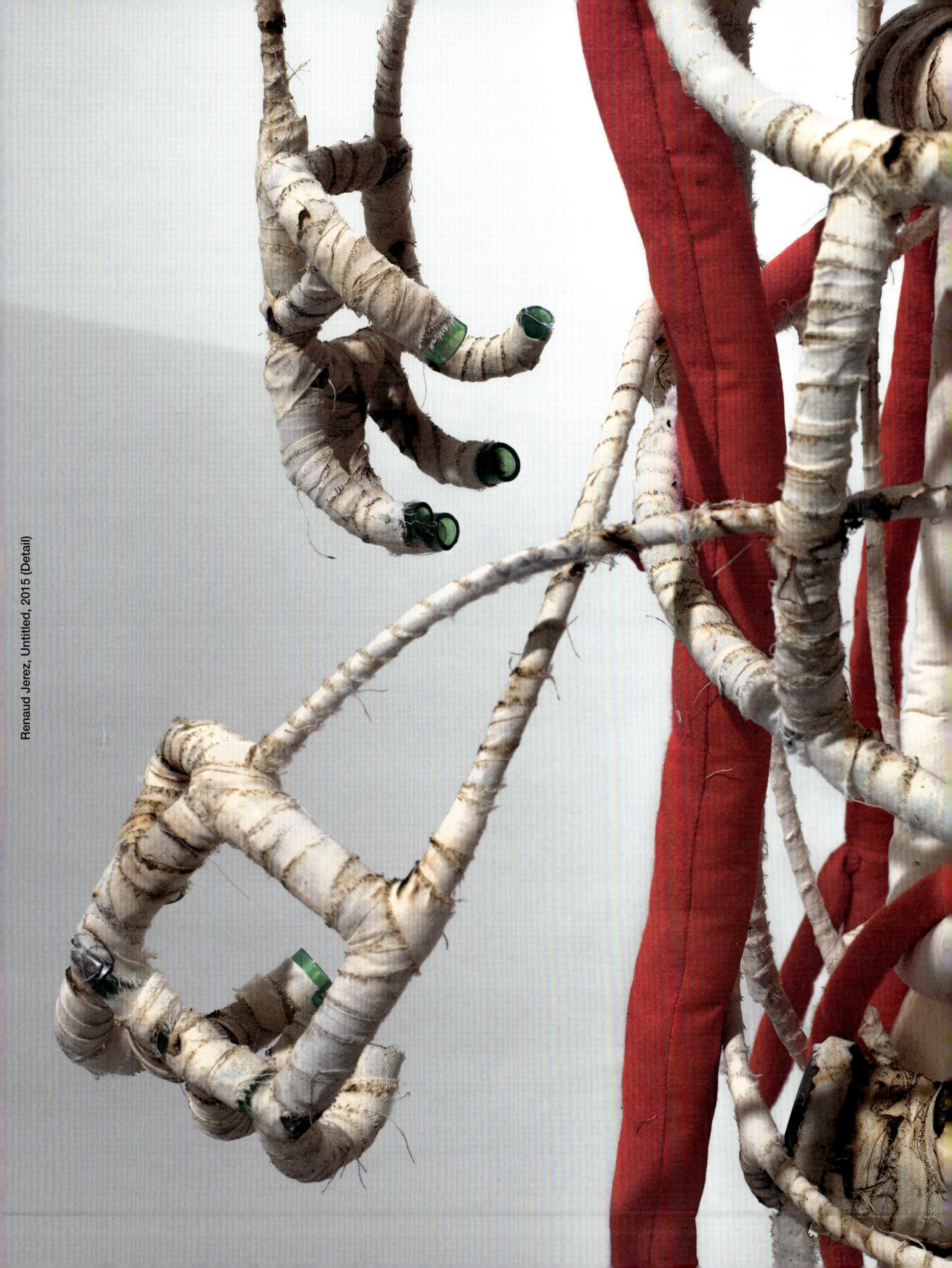

Renaud Jerez, Untitled, 2015 (Detail)

Metamorphose heute: Zwischen Ding und Digitalem

Dominikus Müller

Die erste Assoziation beim Stichwort Metamorphose ist klar: der römische Dichter Ovid und seine *Metamorphosen*, geschrieben kurz nach Christi Geburt, längst eingegangen in den Kanon, wiederholt das eine und andere Mal, eingebrannt ins Hirn. Metamorphose – „Um-Gestaltung", wie es wörtlich aus dem Griechischen übersetzt heißt –, das meint hier wie anderswo zunächst einmal eine substantielle Veränderung der Form, der Gestalt: Götter, die zu Menschen werden, Menschen, die zu Tieren oder Pflanzen werden, Steine, die zu Menschen werden. Die Reihe ließe sich endlos fortsetzen, denn die Metamorphose ist Ausdruck einer beseelten Natur und eines allumfassenden Denkens, in dem alles mit allem zusammenhängt und die einzelnen Elemente unter der Ägide der Götter ihre Plätze tauschen können. Alles ist im Fluss, und oft genug folgt auf die Verwandlung auch eine Rückverwandlung, die Wiederherstellung der vorangegangenen Form.

Genauso gut aber ließe sich das Prinzip der Metamorphose auch unter gegenwärtigen Vorzeichen des Digitalen als Kategorie ansetzen: Als ein Denken in Netzwerken, in denen sich keine Position ohne die anderen beschreiben lässt und die endlose Übersetzbarkeit von diesem in jenes möglich ist, denn dieses und jenes sind am Ende vor allem eins: Binärcodes. Und so hatte ich beim Stichwort „Metamorphose" – ohne Zweifel biografisch oder vielmehr generationsbedingt – eine ganz andere Assoziation: Ich musste an das Jahr 1991 denken, genauer, an Michael Jacksons Musikvideo zu *Black & White* und an James Camerons Film *Terminator 2*, die beide in jenem Jahr veröffentlicht wurden. Denn sowohl Jacksons Musikvideo wie auch Camerons Film markierten den Durchbruch des „Morphings", computergenerierter Bilder des fließenden Übergangs zwischen einem Bild und einem anderen. Zudem: Das Video und der Film markieren ziemlich genau die beiden Enden des momentanen assoziativen Spektrums zur Metamorphose: Die Freiheit, die sich aus der endlosen Austauschbarkeit ergibt und die Bedrohung, die entsteht, wenn man nicht mehr weiß, mit was (oder wem) man es da eigentlich zu tun hat.

Jacksons *Black & White*-Video endet mit einer scheinbar endlosen Reihe tanzender Menschen. Sie tauschen Gesichter, Männer werden zu Frauen, europäische Gesichter zu asiatischen, weiße Haut zu schwarzer, Locken zu glatten Haaren und so weiter und so fort. Jackson singt dabei davon, dass es egal ist, ob man nun schwarz oder weiß sei. Jenseits dieser antirassistischen Message hat man es hier mit einer großen One-World-Fantasy zu tun, vorgetragen kurz nach dem Fall des Eisernen Vorhangs in der Frühphase der Globalisierung, also zu einem Zeitpunkt, als der Kapitalismus scheinbar endgültig gesiegt hatte. Und damit einher ging eine Popkultur, die potentiell für alle da war und dabei alles sein konnte. Nieder mit den Essentialismen, nieder mit den Grenzen – auch Identitäten dürfen frei zirkulieren. Die perfekten Bilder dafür lieferte die Digitalisierung mit den Möglichkeiten früher CGI (computer generated images)-Effekte: Dynamische, scheinbar stufenlose Übergänge lösten Überblendungen ab, die Bilder wurden in ihre Einzelteile auseinandergenommen und dann wieder Pixel für Pixel neu arrangiert. Unterschiede sind hier im Grunde nur mehr „differences in degree" und nicht mehr „differences in kind": Was anders aussieht, ist in Wahrheit dasselbe.

Wenn hier die Möglichkeiten antiessentialistischer Flexibilität und der Fähigkeit zum Formwandeln als positive Feier möglicher Freiheit und Gleichheit aller Menschen inszeniert wird, erscheint die gleiche Technik in *Terminator 2* von James Cameron in einem anderen Licht. Hier wird die Gegenwart von einem Terminator, einem Kampfroboter aus der Zukunft heimgesucht, der aus einer Art Chromlegierung zu bestehen scheint und jede beliebige Form annehmen kann. Im Verlauf des Films verwandelt sich der Roboter in alle möglichen Menschen (die er davor natürlich umbringt), aber auch schon einmal in einen schwarz-weiß karierten Laminatboden. Als der Terminator am Ende doch besiegt wird und in einem Bad aus flüssigem Stahl untergeht, tauchen wie in einem Exorzismus noch einmal all jene Figuren auf, deren Gestalt er gestohlen hat. Das buchstäblich Schillernde, das sich ständig in unterschiedlichen Formen zeigende Fließende, erscheint hier als die ultimative Bedrohung: Die Auflösung jeder Art von Zurechenbarkeit, große Verunsicherung, Paranoia. Klandestin wird der Austauschbarkeit dabei wieder ein Essentialismus untergeschoben und die andere Erscheinung als (illegitime) Verkleidung und Camouflage markiert.

Digitales „Morphen" von Bildern ist seitdem selbst zu einem Bild für die endlose Austauschbarkeit von diesem und jenem geworden. Interessanterweise begann sich auch die zeitgenössische Kunst um diese Zeit herum für das Fluide, für das Formlose und manchmal auch sogenannte Abjekte zu interessieren; für das, was sich nicht mehr so recht adressieren lässt, weil es kein geformtes Gegenüber ist, sondern ein komisches Etwas, in manchen Fällen auch ein ausgestoßenes Element, ein Überrest, ein „Left-Over". Dabei verwandelt sich oft genug nicht das eine in das andere, sondern eine Form in eine Un-Form. In gewisser Weise ist das eine Rückkehr zu jenem Chaos, mit dem die Metamorphosen Ovids beginnen und aus dem die Götter die Welt als ewigen Wandel der Formen geschaffen haben. Hier aber ist das Chaos kein vorgeschalteter Urzustand, sondern der Verlust von Form im Sinne einer Ausscheidung, Auflösung oder auch Verwesung: ausgespuckt von der Maschine, einmal durchgearbeitet.

Und heute? Auch wenn dieses Paradigma der umfassenden Fluidität und des Formwandelns nach wie vor Geltung hat, so gestaltet sich die Situation doch etwas komplexer. In einem Zeitalter, in dem das Digitale in der Tat alle Lebensbereiche durchdrungen hat und eben nicht nur die Bilder, ist die Vorstellung von einer festen Grenze zwischen Menschen, Tieren, Dingen und Technologien immer schwieriger zu halten. Es geht nicht mehr nur darum, dass wir uns Bilder machen von der Metamorphose, sondern darum, dass die Dinge selbst sich tatsächlich wesenhaft verändern. Kunst kennt das schon lange. Denn strukturell gilt nach wie vor: Sie stellt die Metamorphose, die Umgestaltung und Verwandlung nicht nur dar, sie fungiert vor allem selbst als verwandelnde Macht. Kunst verwandelt ihre Materialien in etwas anderes als die Dinge, die sie sind, egal ob es sich um Farbe und Leinwand handelt oder Stein oder einfach etwas Weggeworfenes. Und Kunst verwandelt – auch wenn das Gefahr läuft, zu idealistisch gedacht zu sein – auch den Betrachter.

Und so scheint es zu passen, dass man, blickt man in die Ausstellung *Metamorphosis* mit ihren Arbeiten von Habima Fuchs, Thomas Helbig, Renaud Jerez, Kris Lemsalu und Mary-Audrey Ramirez, vor allem Skulpturen, Assemblagen und Installationen sieht; und ebenso, dass diese Künstler ihr Material zumeist in der Alltagswelt finden und in den Raum der Kunst bringen. Doch dabei unterscheiden sie sich von diversen Readymade-Verfahren dahingehend, dass sie nicht bei einer strukturell begründeten Verwandlung stehenbleiben, wie sie beim Überführen in den Raum der Kunst sowieso stattfindet, sondern dass in ihnen immer ein Prozess sichtbar wird, eine Verwandlung hin zu einer anderen Form. Diese Werke sind zoomorph, anthropomorph oder technomorph und manchmal lösen sie die gefundenen Formen auch einfach ein Stück weit auf, nähern sie einer Formlosigkeit und scheinbaren Liquidität an. Vieles davon wirkt eher düster, oft sehen die Formen aus wie zusammengestaucht, sind Körperteile in grotesken Gesten vereint oder Wesen skurril entstellt.

Man könnte nun fragen, auf was diese Arbeiten ihrerseits reagieren, woran sie sich „anpassen“ – um einmal die etwas nüchterne botanische Definition von Metamorphose als von der Evolution geforderte Verwandlung aufzugreifen – und warum sie bestimmte Formen annehmen und andere nicht. Warum sie manchmal eben grotesk sind und eher düster. Und man könnte die Frage stellen: Was ist es denn, was ihnen diese Form verleiht, wer verdreht sie denn und stülpt sie derart ineinander? Und wenn menschliche Figuren aus Stoffresten, Baumarktmaterialien oder Plastik zusammenmontiert werden, wer sagt da denn, dass sich hier überhaupt etwas in einen Menschen verwandelt oder nicht eher umgekehrt der Mensch sich in unbelebtes, billiges Material? Die Metamorphose ist prinzipiell in beide Richtungen möglich. Und dabei ist es nicht mehr so sehr die allseits belebte Natur, innerhalb derer der Mensch eingebettet ist, es ist eher das ebenfalls umfassend vernetzte und pulsierende und in der Tendenz posthumane artifizielle Universum, zusammengesetzt aus dem, was einmal Natur hieß, aus Technik, Industrie und Digitalem. Die Menschen zirkulieren darin ebenso wie die Dinge, die sie geschaffen haben. In so einem Raum ist die Metamorphose längst weniger eine Frage des Göttlichen und der Beseeltheit, als – nüchtern betrachtet – eine der ganz realen Austauschbarkeit gemeinsam warenförmig verfasster Dinge, Identitäten und Lebewesen. Und doch – um noch einmal auf die in *Terminator 2* beschworenen Konnotationen zurückzukommen – wäre es verfehlt, diese Austauschbarkeit zu dämonisieren und zu versuchen, ihr einen Riegel vorzuschieben. Eher sollte man daran arbeiten, sie anders, neu und positiv zu fassen. Denn es ist ja eigentlich etwas unglaublich Tolles, etwas im doppelten Sinne Fantastisches, sich die Welt mit Materialien, Gesteinen, Tieren, Pflanzen, Technik und Geistern zu teilen – und dabei auch wirklich so viele sein zu können, wie man will.

Metamorphosis Today: Between the Thing and the Digital

Dominikus Müller

The first thing you think of when you hear the word "metamorphosis" is obvious: the Roman poet Ovid and his *Metamorphoses*, written shortly after the birth of Jesus Christ. It's long been a part of the canon, and has been repeated time and again, burned into the brain. Metamorphosis—"trans-formation," as it is literally translated from the Greek. Here, and elsewhere, it primarily means a substantial change in form or shape: gods become humans, humans turn into animals or plants, stones transform into humans. The series is endless, because the metamorphosis is an expression of animate nature, and of an all-encompassing thinking, in which everything is connected to everything else, and individual elements can exchange places under the aegis of the gods. Everything is in flux, and frequently, after the transformation, the subject is transformed back into what it once was.

Yet, the principle of metamorphosis can be applied equally well to a category of contemporary digitalism, a way of thinking in networks, in which no position can be described without the others, and it is possible to translate this into that endlessly, because this and that are ultimately, in the end, one: binary codes. Therefore, I associated something completely different with the word "metamorphosis," doubtless based on my biography, or perhaps on my generation. I was reminded of the year 1991, or more precisely, of Michael Jackson's music video for *Black & White* and James Cameron's movie, *Terminator 2*, both released that same year. Jackson's music video and Cameron's film each marked a breakthrough in "morphing:" computer-generated images (CGI) that visualize the smooth transition from one image to another. In addition, the video and the film quite precisely mark the two ends of the metamorphosis' spectrum of associations: the freedom that arises from the infinite mutability, and the danger that ensues when you no longer know with what (or whom) you're actually dealing.

Jackson's *Black & White* video ends with seemingly endless rows of dancers. They change faces; men become women, European faces become Asian ones, white skin becomes black, curls turn to smooth hair, and so on and so forth. All the while, Jackson sings that "it don't matter if you're black or white." Beyond this anti-racist message, it's also a big "one-world" fantasy, presented shortly after the fall of the Iron Curtain in the early phase of globalization—at a point in time when it seemed as if capitalism had been ultimately victorious. And that went hand-in-hand with a kind of pop culture that existed for potentially everyone, and potentially could be everything, as well. Down with essentialism, down with borders—even identities should be allowed to circulate freely. Digitalization provided the perfect images for this, with the possibilities offered by early CGI effects: dynamic, apparently seamless transitions replaced superimposed images. Pictures were taken apart, piece by piece and then rearranged, pixel by pixel. Basically, the differences here are only "differences in degree," and no longer "differences in kind": what looks different is, in fact, the same.

While the possibilities offered by anti-essentialist flexibility and the ability to change form are presented here as positive celebrations of potential freedom and equality for all, the same technology appears in

James Cameron's *Terminator 2* in another light. In this film the present time is haunted by a so-called Terminator, a robotic assassin from the future that seems to be composed of a kind of chrome alloy, and can take on any shape or form. Over the course of the film the robot transforms into all kinds of people (whom he kills beforehand, of course). At one point it even turns into a black-and-white checkered laminate floor. When the Terminator is finally vanquished at the end and drowns in a bath of liquid steel, all of the characters whose shapes he has stolen reappear once again, in a sort of exorcism. Literally shimmering—a state of being in constant flux, changing from one form to another—seems to be the ultimate danger here, leading to the dissolution of any kind of predictability, a great uncertainty, paranoia. Clandestinely, the interchangeability is again subordinated to essentialism, while the other manifestation is marked as (illegitimate) disguise and camouflage.

Ever since, the "morphing" of images itself has come to symbolize the infinite interchangeability of anything and everything. Interestingly enough, at around the same time, contemporary art began exploring fluidity, formlessness, and sometimes even the so-called abject. Whatever can no longer be really addressed, because it no longer is an entity with a shape, but an odd sort of something—in some cases, even, an expelled element, a relict, a leftover. Often enough here, the one does not become the other; but rather, a form is transformed into a non-form. In a way this is a return to the kind of chaos that begins Ovid's *Metamorphoses*, out of which the gods create a world engaged in the eternal transformation of forms. In this case, however, chaos is not the preceding, primeval state, but the loss of form, in the sense of an expulsion, elimination, or even decay: once digested, spit out from the machine.

And today? Even if this paradigm of comprehensive fluidity and transformation of form is still valid, the situation now is somewhat more complicated. In an era when the digital has actually permeated all areas of life, not just visuals, it is becoming increasingly difficult to imagine fixed boundaries between people, animals, things, and technologies. It is no longer about us coming to understand what metamorphosis is, but about the fact that the nature of things itself is changing. Art has known this for a long time. In terms of structure, the same thing still applies. Art not only depicts metamorphosis, re-shaping, and transformation, it also primarily functions as a transformative power. Art transforms its materials into something else besides the things they are, regardless of whether they are paint and canvas, or stone, or something that has simply been thrown away. Art changes viewers, as well, even though this notion runs the risk of being thought too idealistic.

And so it seems that if you look at the exhibition *Metamorphosis*, with its works by Habima Fuchs, Thomas Helbig, Renaud Jerez, Kris Lemsalu, and Mary-Audrey Ramirez, you'll mainly see sculptures, assemblages, and installations. You'll also see that these works of art take most of their materials from the everyday world and bring them into the art space. Yet, this is different from various readymade processes, because it does not adhere to the kind of structurally based transformation that happens anyway when something moves to an art space. Instead, these works always make it possible to see a process, a transformation from one form to another. They are zoomorphic, anthropomorphic, or technomorphic, and sometimes they simply dissolve the found forms a bit, bringing them closer to formlessness and apparent fluidity. Much of this seems rather bleak; often, forms look as if they have been thrashed, while body parts are united in grotesque gestures or creatures are scurrilously disfigured.

Now, picking up on the somewhat straightforward botanical definition of metamorphosis as a transformation required by evolution, we might ask what are these works reacting to, what are they "adjusting" to, and why do they take on certain shapes and not others. Why are they sometimes grotesque and rather gloomy? And we might ask: what is it that gives them this form; who is turning them around and inside-out in that way? If human figures are assembled out of leftover fabric, construction materials, or plastic, who's to say that something here is being turned into a human—or the reverse, that the human is turned into inanimate, cheap material? In principle, metamorphosis is possible in both directions. Humans are no longer embedded entirely in animate nature, but in the equally omnipresent, interconnected, pulsating artificial universe, which tends toward the post-human and is made out of what was once called nature, as well as out of technology, industry, and the digital. People circulate within it, as do the things that they have created. In such a space, the metamorphosis has long been less a question of the divine, of soulfulness, than it is—soberly regarded—of the very real interchangeableness of commodified objects, identities, and living creatures. And yet—returning once again to the connotations conjured up in *Terminator 2*—it would be remiss to demonize this interchangeableness and to try to put a stop to it. Rather, we should work on understanding it differently, in a new and positive way. Because it is actually something unbelievably great, something that is fantastic in a double sense—sharing the world with materials, rocks, animals, plants, technology, and spirits—and thus being able to be as much or as many as one wants to be.

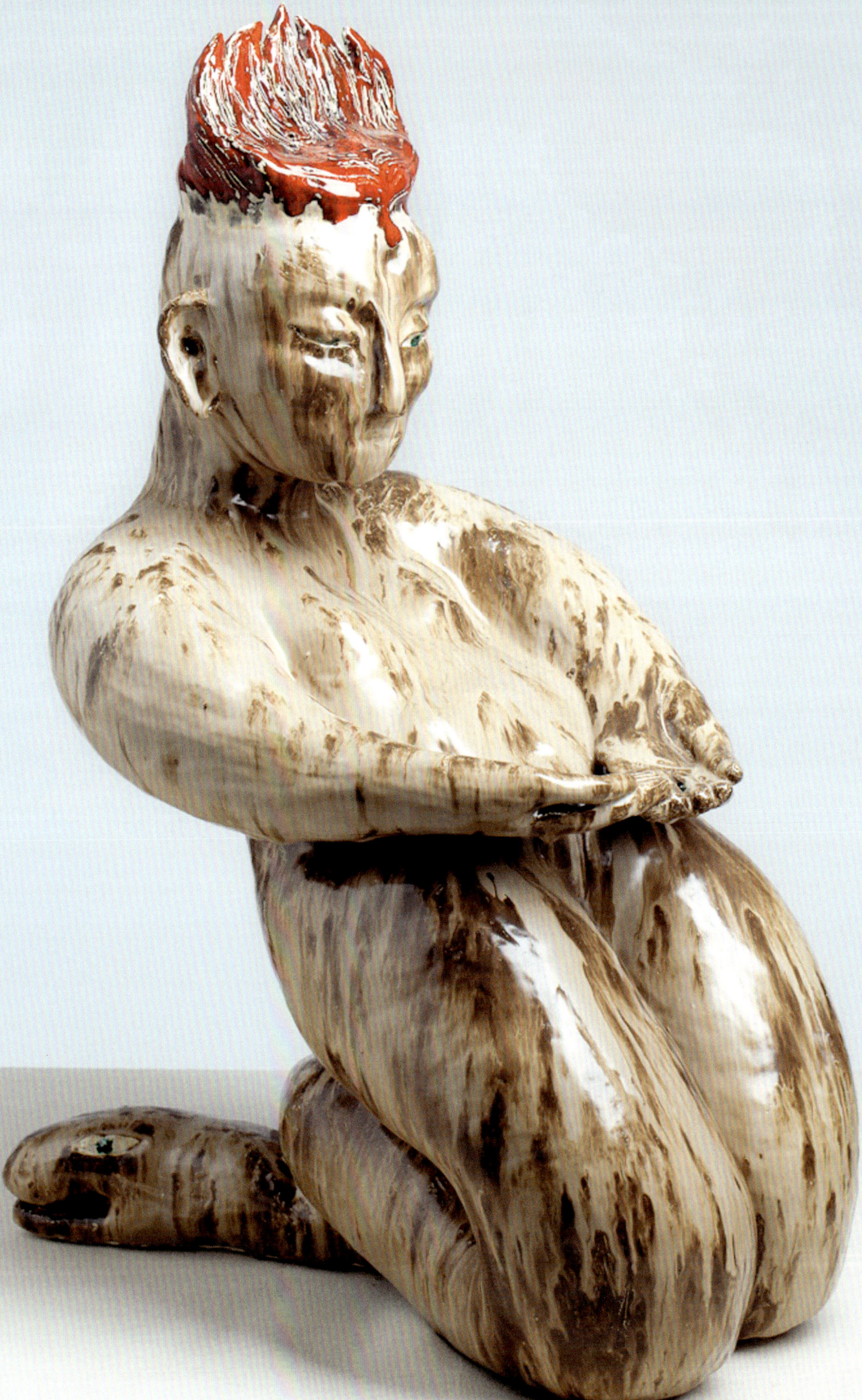

Habima Fuchs, Transformation (Abandon), 2012

Habima Fuchs

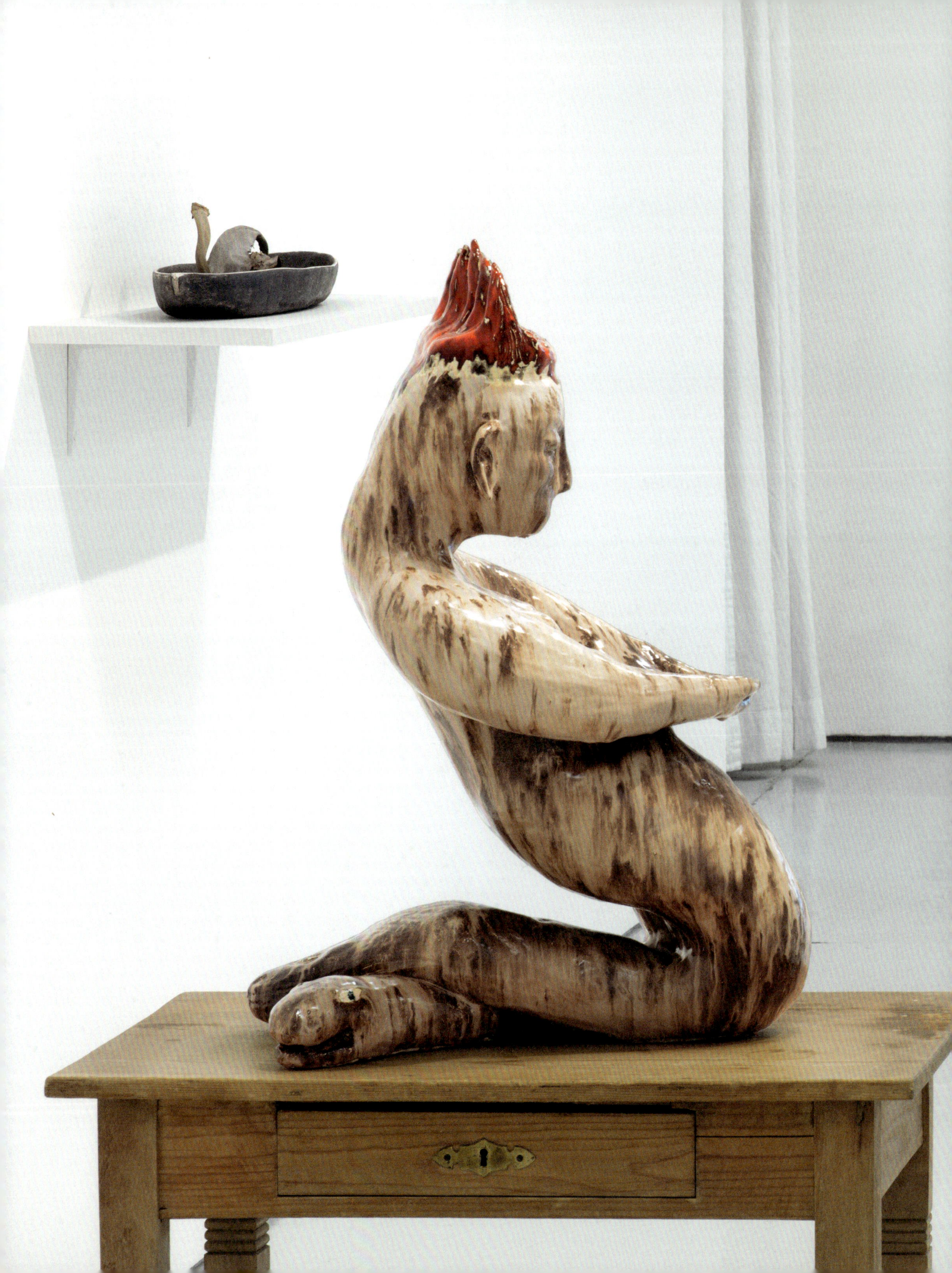

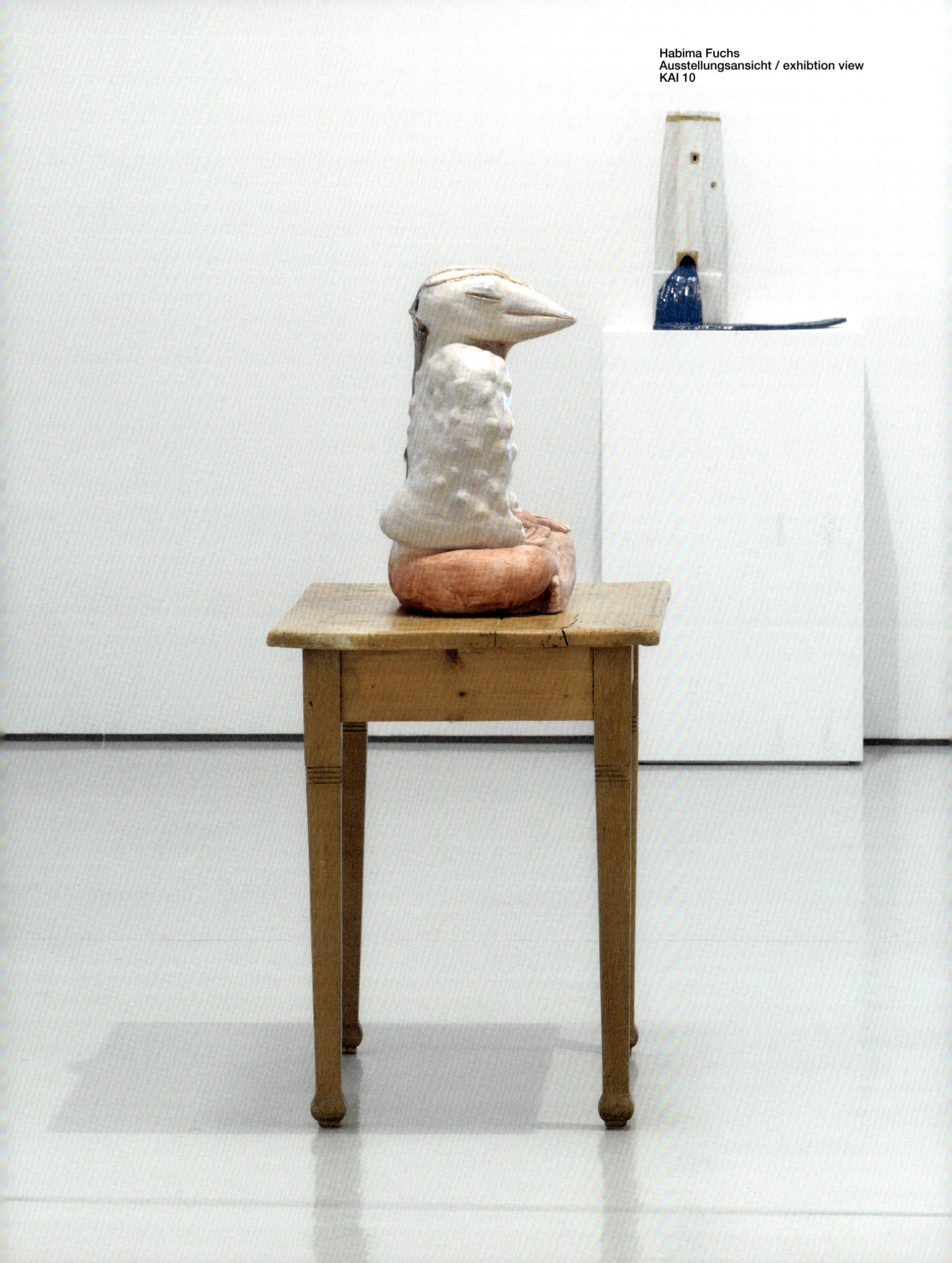

Habima Fuchs
Ausstellungsansicht / exhibtion view
KAI 10

Spirituelle Welten
Zdenek Felix

Unter dem Titel *Der müde Tod* zeigte KAI 10 | Arthena Foundation 2009 eine Gesamtinszenierung nach den Motiven des gleichnamigen Films von Fritz Lang und Thea von Harbou aus dem Jahr 1921. Die beiden Autoren der Inszenierung, Markus Selg und Astrid Sourkova schufen gemeinsam mit drei weiteren Künstlern, Andrew Gilbert, Bernhard Lehner und Dominic Wood in den Ausstellungsräumen einen Parcours mit mehreren Stationen, deren Motive sich an den Themen des stummen, mit Untertiteln versehenen expressionistisch-symbolistischen Streifens orientierten. Dem düsteren, teils an die Atmosphäre der Gruselgeschichten von E.T.A. Hoffmann erinnernden, teils ins Märchenhafte abgleitenden Filmgeschehen haben die Künstler in KAI 10 ein zeitgemäßes Pendant gegenüber gestellt, indem sie die vom raffinierten Spiel mit Licht und Schatten getragene Filmerzählung mit ihren eigenen Werken interpretierten. Bei der Transkription von einem Medium ins andere entstand jedoch kein Revival des filmischen Stoffes, sondern eine freie Übertragung von experimentellen Sequenzen des klassischen Vorbildes in aktuelle Formen von Skulpturen, Installationen, Fotografien und Videos.

An dieser Umsetzung war die tschechische Künstlerin Astrid Sourkova, die inzwischen das Pseudonym Habima Fuchs angenommen hat, sowohl konzeptuell als auch mit mehreren Werken beteiligt. In charakteristischen, schwarz konturierten, figürlichen Zeichnungen setzte sie sich mit dem Thema des Lebenskampfes und der spirituellen Überwindung des Todes auseinander. Eine bedeutende Rolle übernahmen die beiden keramischen Skulpturen *Schlangenturm* (2007) und *Quelle am Ziel* (2008). Während erstere die Beziehungen der Prinzipien von Gewalt und Kampf thematisiert, lässt sich letztere als Sinnbild des Kreislaufs von Elementen in der Natur lesen. In *Quelle am Ziel* fließt aus dem Tor eines weißen, oktogonalen Turms ein Wasserstrom, der sich auf den Boden davor ergießt. Will man den Turm als Symbol des Aufstiegs, einer senkrechten Bewegung hinauf begreifen, so ergibt sich der Sinn des im Boden versinkenden Wassers als Zeichen der erdgebunden wirkenden Materie. Der Kreislauf des Wassers in der Natur verweist auf die Erneuerung des Lebens und vermittelt zugleich eine Anspielung auf die Idee des in *Der müde Tod* auftauchenden, nietzscheanischen Gedankens der „Ewigen Wiederkehr". Dem Kommentar der Künstlerin zufolge wirken sich diese gegensätzlichen Elemente produktiv aus: „Der Augenblick des Aufeinandertreffens dieser Kräfte verwebt sie miteinander, so dass sie aufhören jeweils für sich selbst zu existieren und zu einer Einheit werden." Nicht zuletzt wegen dieses metaphorischen Kontextes ist *Quelle am Ziel* in der jetzigen Ausstellung *Metamorphosis* zu sehen.

Die neueren Keramiken von Habima Fuchs nehmen in unterschiedlichen Formen Bezug auf die Idee der Metamorphose vom Animalischen zum Humanen. Die Modi solcher Verwandlungen sind bedingt durch den Kontext dessen, was sich in ihnen „ereignet": in der Werkgruppe *Bestiarium* (2014) stehen sich Tiere kämpferisch gegenüber, in *Daimonion* (2016) leben sie friedlich untereinander, und schließlich im Ensemble *The Open Eyes of the Death Lion* (2016) sterben sie, um sich erneut in menschliche Wesen zu verwandeln. Habima Fuchs, die ihre Aufenthaltsorte zwischen Tschechien, Deutschland, Frankreich und Italien wechselt und das Leben einer Kulturnomadin führt, entnimmt den Stoff für ihre Arbeiten Mythen und Legenden unterschiedlicher Herkunft, wobei sie sich hauptsächlich mit spirituellen Inhalten beschäftigt. Ihre sitzenden *Futurologisten* (2015) nehmen die Position meditierender Buddhas an, wobei sie keine konkrete religiöse Botschaft vorbringen wollen, sondern sich, so die Künstlerin, der Forschung des Kommenden verschreiben. Diesen Figuren verwandt ist beispielsweise die farbige, glasierte Keramik *Transformation (Spiral of Hidden Things)* (2012). Diese doppelgesichtige, kniende Gestalt, deren Hände wie zwei unförmige Flügel aussehen, weist in einer Ansicht das Antlitz eines seltsamen Vogels mit langem Schnabel auf, während sie auf der abgewendeten Seite maskenhafte Züge eines rätselhaften Kobolds mit langem Bart trägt. Die Beulen auf dem weißen Federkleid des Vogelmenschen verweisen auf die kontemplative „Reinigung" durch eine spirituelle Substanz, der das Wesen sich in den Vorstellungen der Künstlerin unterwirft.

In *Transformations (Abandon)* (2012) brennt Feuer auf dem Kopf der knienden, zwittrigen Gestalt, deren Füße sich in zwei Schlangenköpfe verwandeln – ein ambivalentes Bild der Metamorphose von Tier und Mensch, in dem sich potentiell gefährliche, wenn auch reinigende Elemente (Feuer) mit den Kräften der Meditation und der körperlichen Hingabe vereinen. Mit dieser Skulptur ist auch eine andere Arbeit von Habima Fuchs verwandt: *Transformation (Wild Abundance)* (2012) stellt eine kauernde weibliche Figur mit maskenhaftem Gesicht dar, die ihr überdimensionales Geschlecht wie einen Schild und eine Angriffswaffe zugleich vor sich trägt. Ihr Haar weht zu beiden Seiten des Kopfes in entgegengesetzte Richtung und bildet eine Art Schirm über sie, während ihre Haltung „etwa einer auf seine Beute lauernden Kreatur", wie es die Künstlerin nennt, ähnelt. Sie ist die „Baubo" – Urmutter und Dämonin zugleich. Indem sie auf einem gewöhnlichen Küchentisch steht, beansprucht sie den Charakter einer Hausgottheit, wie diese in Asien beheimatet sind.

Eine ungewöhnliche Skulptur stellt die Keramik *Pratyupanna (Multiplication of the Present)* (2014) dar. Ein mächtiger Körper, halb Schlange, halb Pflanze, hat sich auf einer Holzplatte festgesetzt wie ein Schwamm auf dem Meeresboden. Sein oberer Teil verzweigt sich in zahlreiche Tentakel, die wie kleine Köpfe oder Finger anmuten. „Pratyupanna", erklärt Habima Fuchs, „ist ein Wort aus dem Sanskrit und könnte vage übersetzt werden als Multiplikation in der Gegenwart oder Multiplikation der Gegenwart." Der Kopf der seltsamen Schlange multipliziert sich derart, dass am Ende 84 Körper selbständig agieren. Der so erweiterte Körper ermögliche eine bessere und komplexere Wahrnehmung der Umwelt – eine Metamorphose von Sinnen und Funktionen sondergleichen.

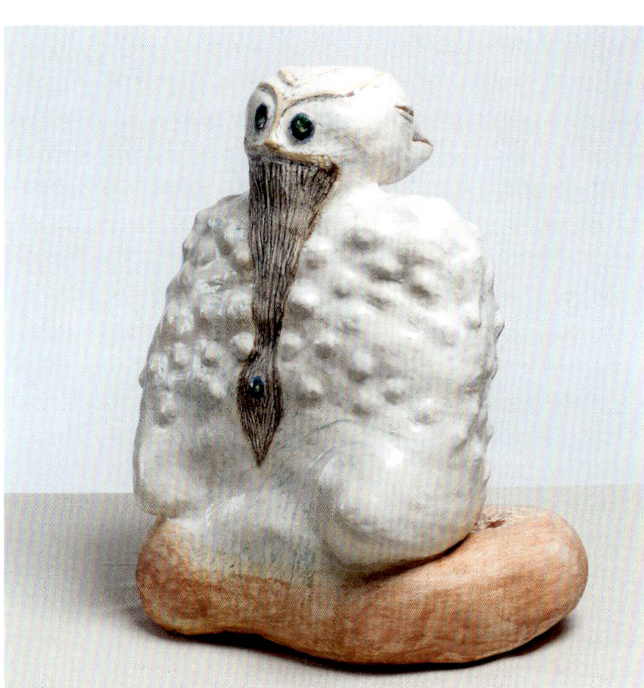

Habima Fuchs
Transformations
(Spiral of Hidden Things)
2012

Spiritual Worlds
Zdenek Felix

In 2009, KAI 10 | Arthena Foundation presented an expanding installation called *Der müde Tod* (The Weary Death), which was based on motifs of a film by Fritz Lang and Thea von Harbou of the same title (1921). Both authors of the mise-en-scène, Markus Selg and Astrid Sourkova, created a parcours through the exhibition rooms together with three other artists, Andrew Gilbert, Bernhard Lehner, and Dominic Wood, with several stations relating to themes from the expressionistic, symbolic silent film with subtitles. The artists at KAI 10 contrasted the dark events of the film, some reminiscent of the atmosphere of E.T.A. Hoffmann's horror stories, some drifting off into the realm of the fabulous. They interpreted the film narrative, which is carried out by an ingenious play of light and shadow, in their own works. By transcribing from one medium to another, they did not create a revival of the content of the film, but rather a free transfer of experimental sequences of a classic paradigm into current forms of sculptures, installations, photographs and videos.

Czech artist Astrid Sourkova, who has meanwhile taken the pseudonym Habima Fuchs, was involved with the conception of the production and had several pieces included as well. In characteristic, black contoured drawings, she addressed the theme of the struggle of life and the spiritual attempt to overcome death. Her two ceramic sculptures *Schlangenturm* (Snake Tower, 2007) and *Quelle am Ziel* (Source at the Finish, 2008) played an important role in the exhibition. While the first deals with the relationship between the principles of violence and struggle, the second can be read as an allegory of the cycle of the elements in nature. In *Quelle am Ziel*, a stream of water flows out of the gate of a white, octagonal tower, pouring out onto the ground below. If one understands the tower as a symbol of ascent, a vertical movement upwards, then the meaning of the water sinking into the ground can be seen as a symbol of materials that seem bound to the earth. The cycle of water in nature demonstrates the renewal of life and with it a play on the idea that appears in *Der müde Tod*, the Nietzschean thought of "Eternal Return." According to the artist's commentary, these contrasting elements have a productive effect: "The moment of convergence of these forces weaves them together, so that they cease to exist on their own and become one." Not least, due to this metamorphic context, *Quelle am Ziel* is displayed in the current exhibition, *Metamorphosis*.

The new ceramic works by Habima Fuchs pick up the idea of metamorphosis from the animalistic to the human in various forms. The methods for such transformations are determined by the context of what is "happening" within: in the group of works *Bestiarium* (2014), animals confront one another in a fighting manner; in *Daimonion* (2016), they live together peacefully; and in the ensemble *The Open Eyes of the Death Lion* (2016), they die in order to transform anew into human beings. Habima Fuchs, who alternates between the Czech Republic, Germany, France, and Italy, living the life of a cultural nomad, draws from various myths and legends for the content of her work, mostly dealing with spiritual content. Her seated *Futurologisten* (Futurologists, 2015) take on the position of meditating Buddhas, but they do not want to convey any concrete religious message, instead, according to the artist, they wish to dedicate themselves to the exploration of what is to come. Related to these figures is, for instance, the colorful and glazed ceramic piece *Transformation (Spiral of Hidden Things)* (2012). This figure sits cross-legged, with two faces—one side portraying the face of a strange bird with a long beak, while on the other side depicting the mask-like traits of a mysterious gremlin with a long beard and hands that look like two misshapen wings. The lumps on the white feather dress of the bird-person refer to contemplative "cleansing" via a spiritual substance to which it submits, in the artist's vision.

In *Transformations (Abandon)* (2012), a fire is burning on the head of a kneeing, hermaphroditic figure, whose feet are transforming into two snake heads—an ambivalent image of the metamorphosis from animal to human, in which the potentially dangerous, and at the same time purifying, element (fire) is unified with the powers of meditation and corporal abandonment. One other work by Habima Fuchs is related to this sculpture: *Transformation (Wild Abundance)* (2012) presents a cowering female figure with a mask-like face, carrying her over-dimensional female traits like a shield and weapon of attack in front of her. Her hair sticks out on both sides of her head in opposite directions and creates a kind of shield over her, while her stance resembles "a creature about to pounce on its prey," as the artist states. She is "Baubo"—original mother and demon in one. By standing on a common kitchen table, she takes on the character of a house goddess, such as those native to Asia.

The ceramic piece *Pratyupanna (Multiplication of the Present)* (2014) is an unusual sculpture. A powerful body, half snake, half plant, is stuck on a wooden board like a sponge to the ocean floor. Its upper body branches into numerous tentacles that appear to be small heads or fingers. "Pratyupanna", Habima Fuchs explains, "is a Sanskrit word that could be translated as multiplication *in* the present or multiplication *of* the present." The head of a strange snake multiplies itself so many times that in the end, 84 bodies are in action on their own. The extended body allows for a better and more complex realization of the surroundings—a metamorphosis of both senses and functions beyond compare.

Habima Fuchs
Eyes horizontal, nose vertical (foster your eminent dance) / Boat
2016

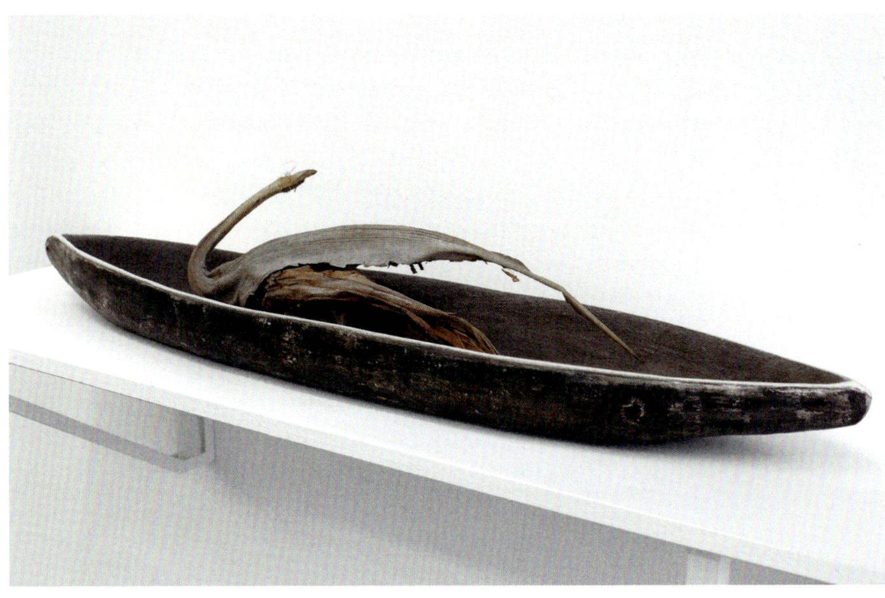

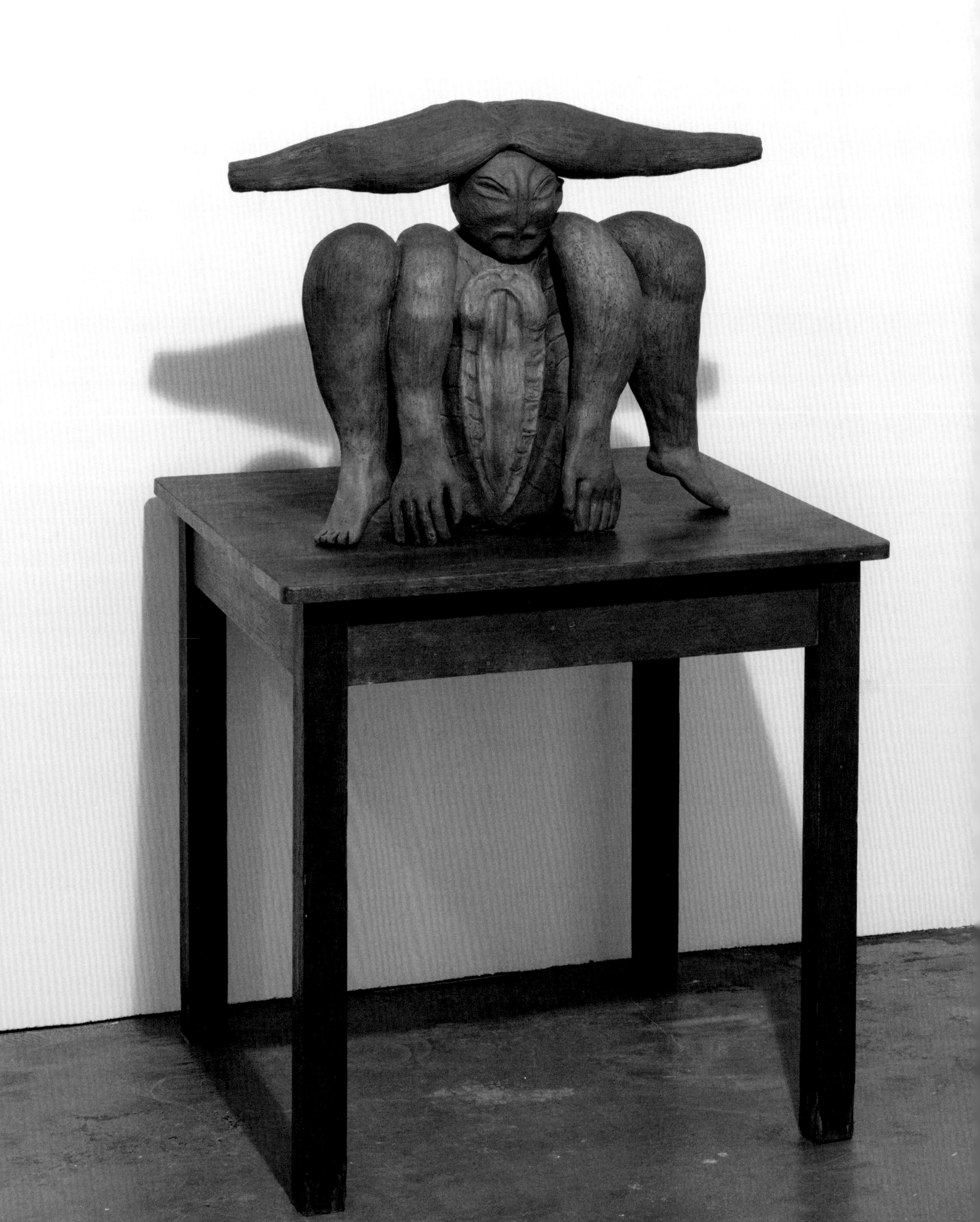

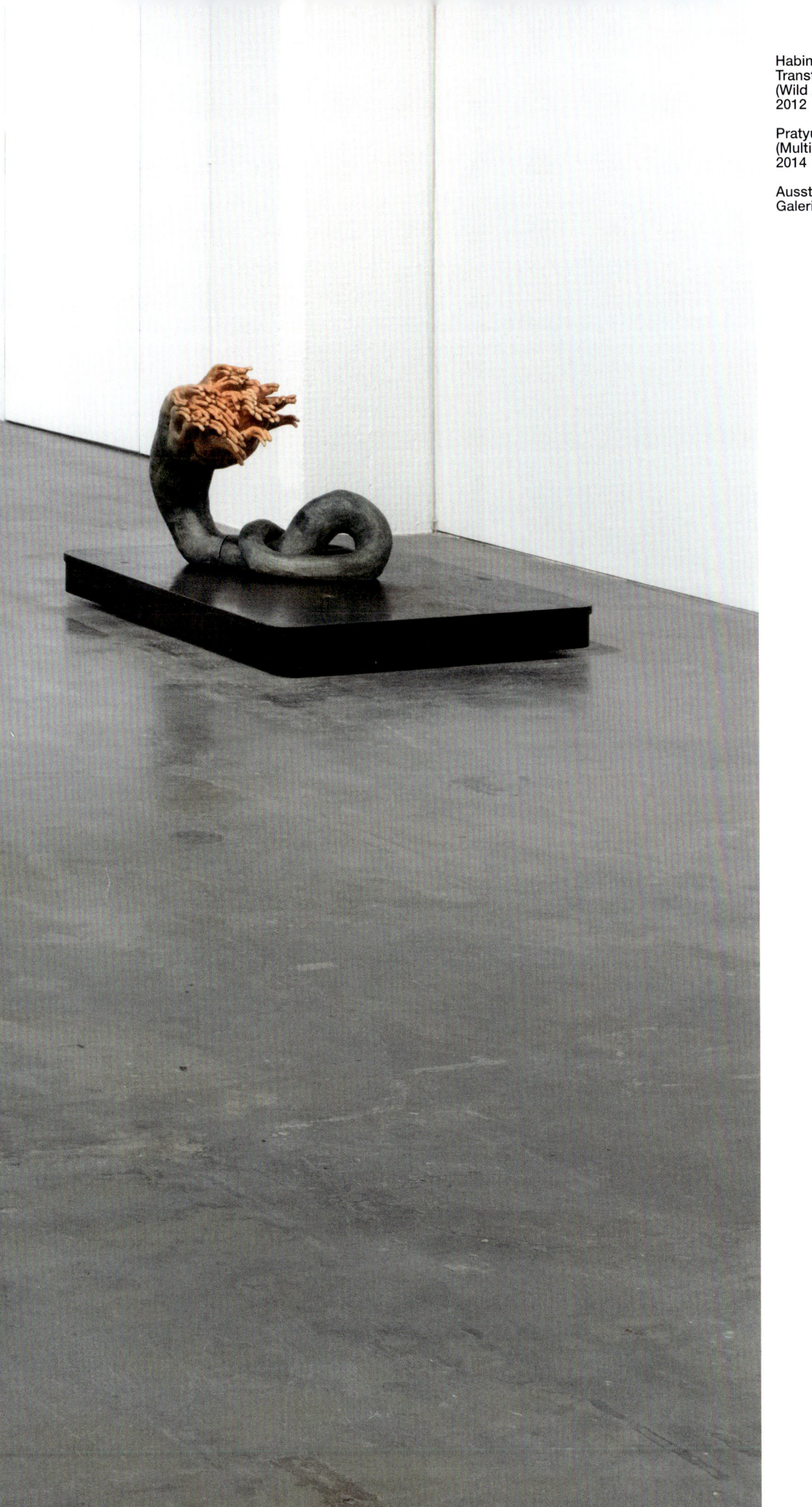

Habima Fuchs
Transformation
(Wild Abundance)
2012

Pratyupanna
(Multiplication of the Present)
2014

Ausstellungsansicht / exhibtion view
Galerie Guido W. Baudach, Berlin

Habima Fuchs
Beehive
2010

Quelle am Ziel
2008

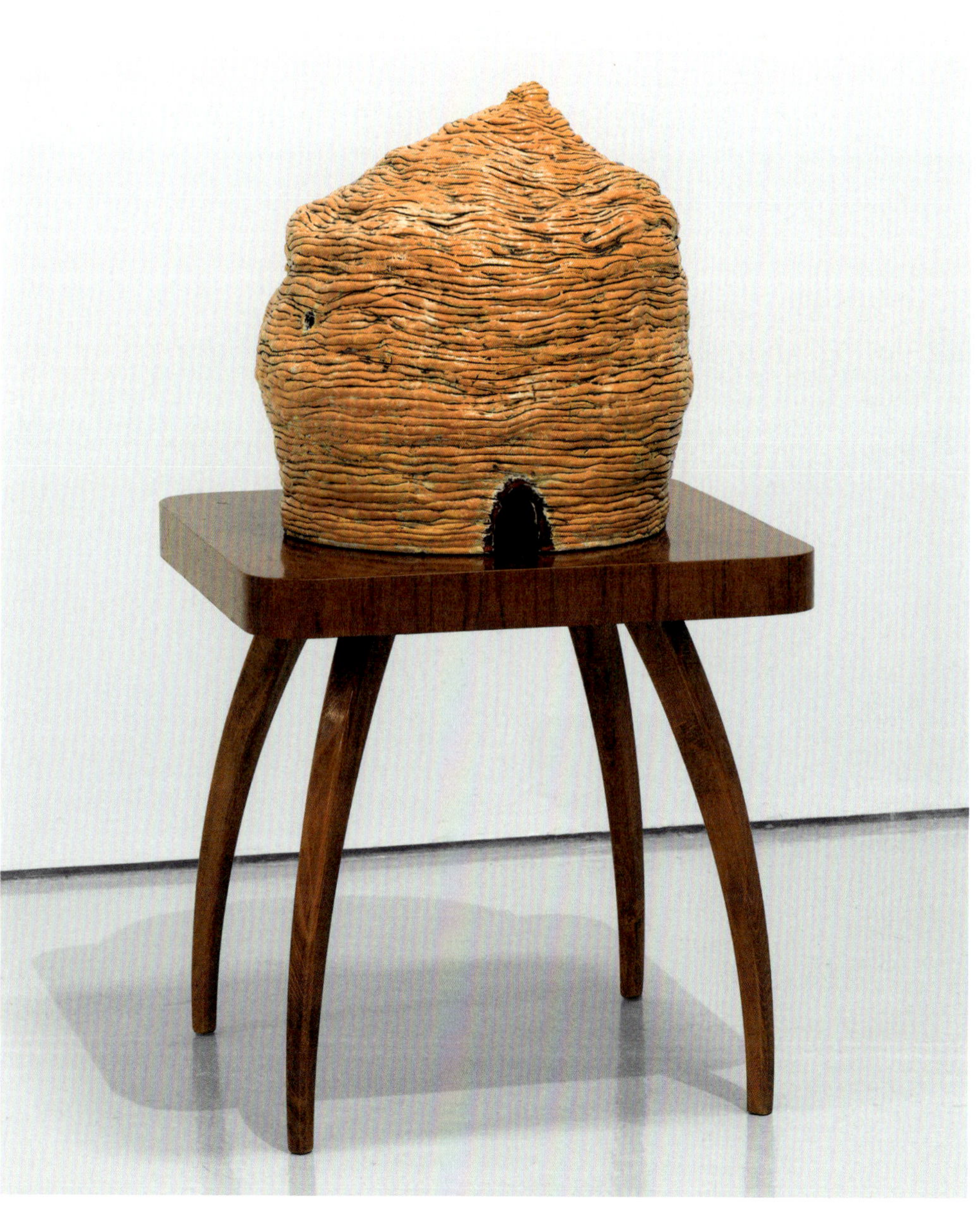

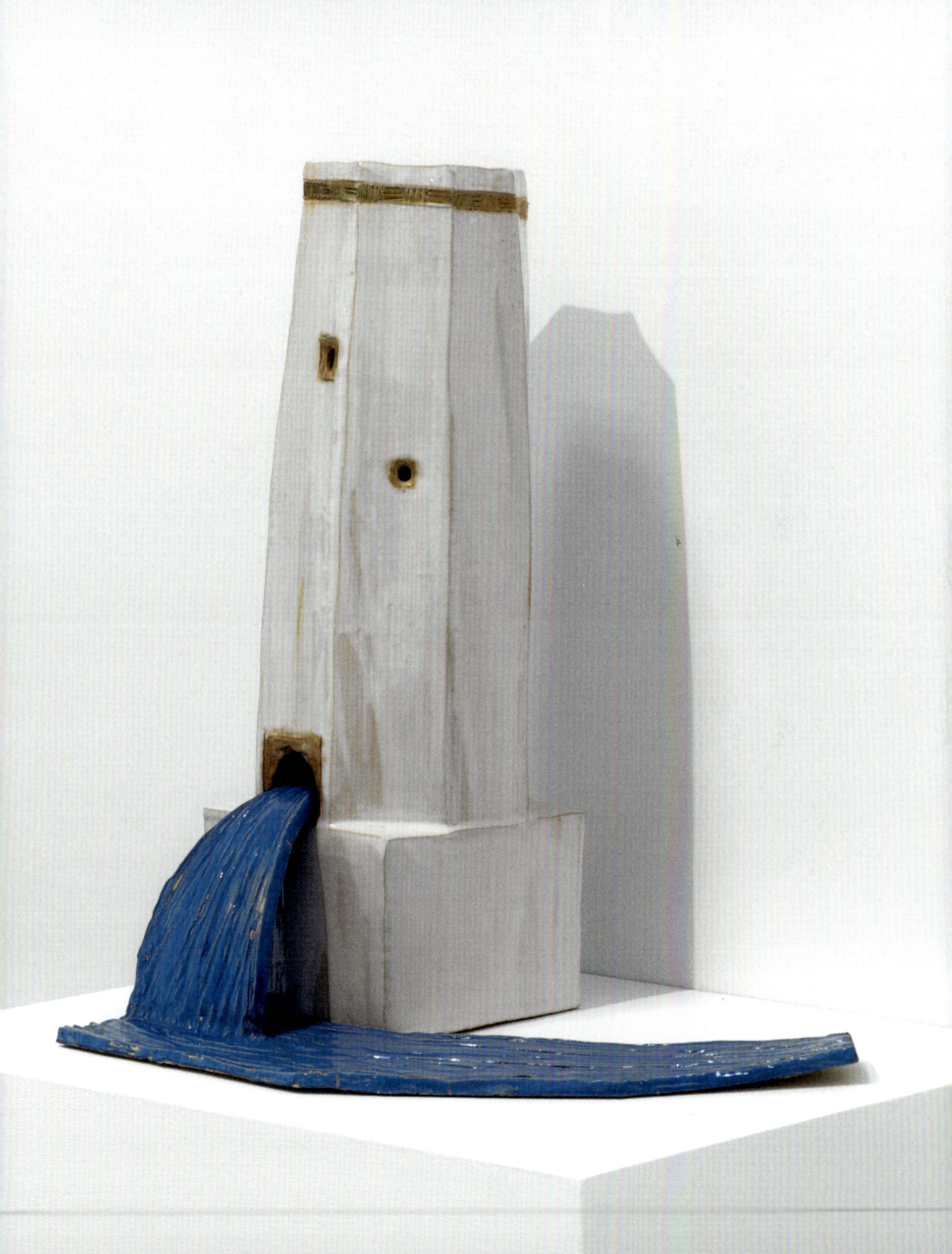

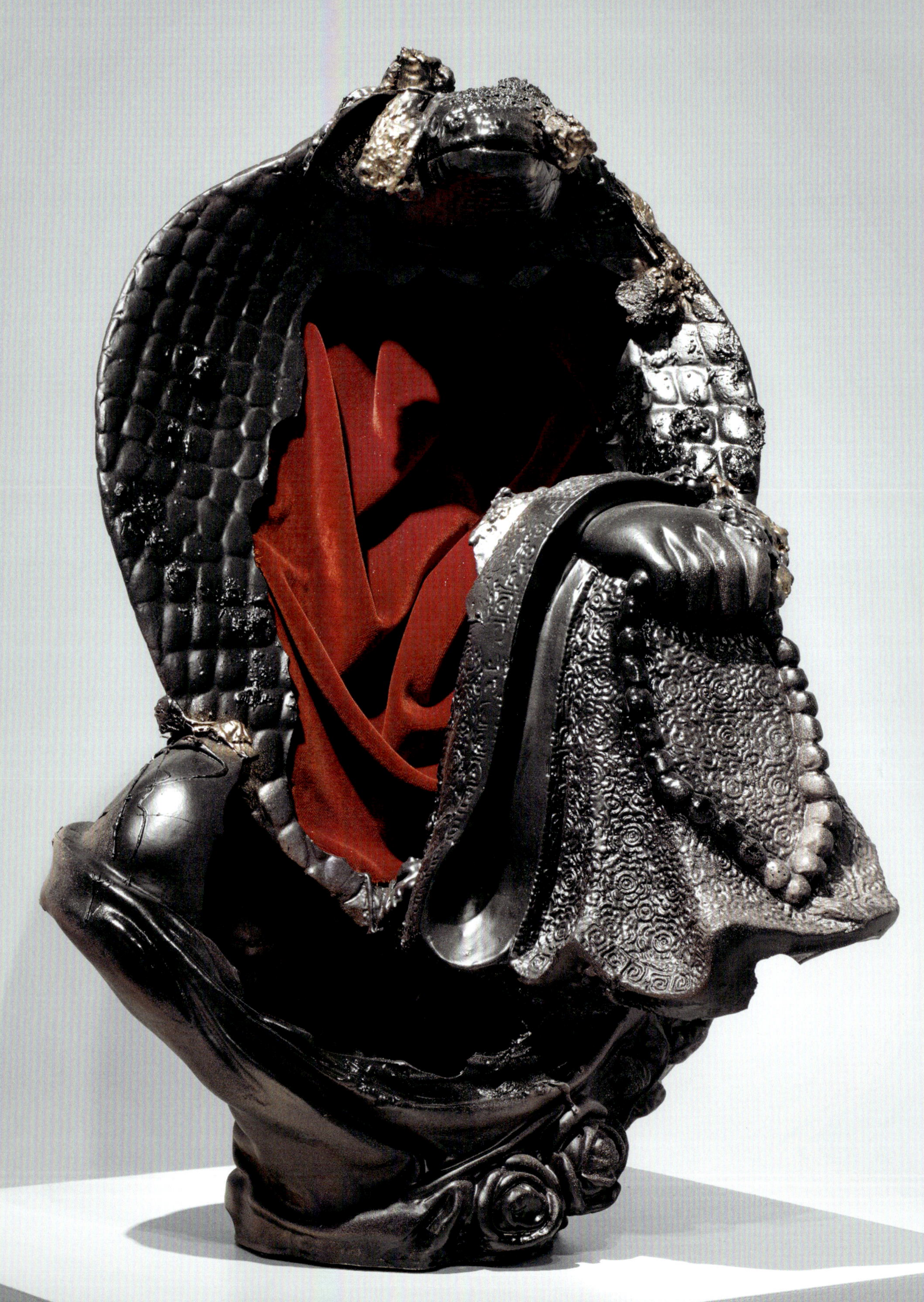

Thomas Helbig, Opera, 2016/2017

Thomas Helbig

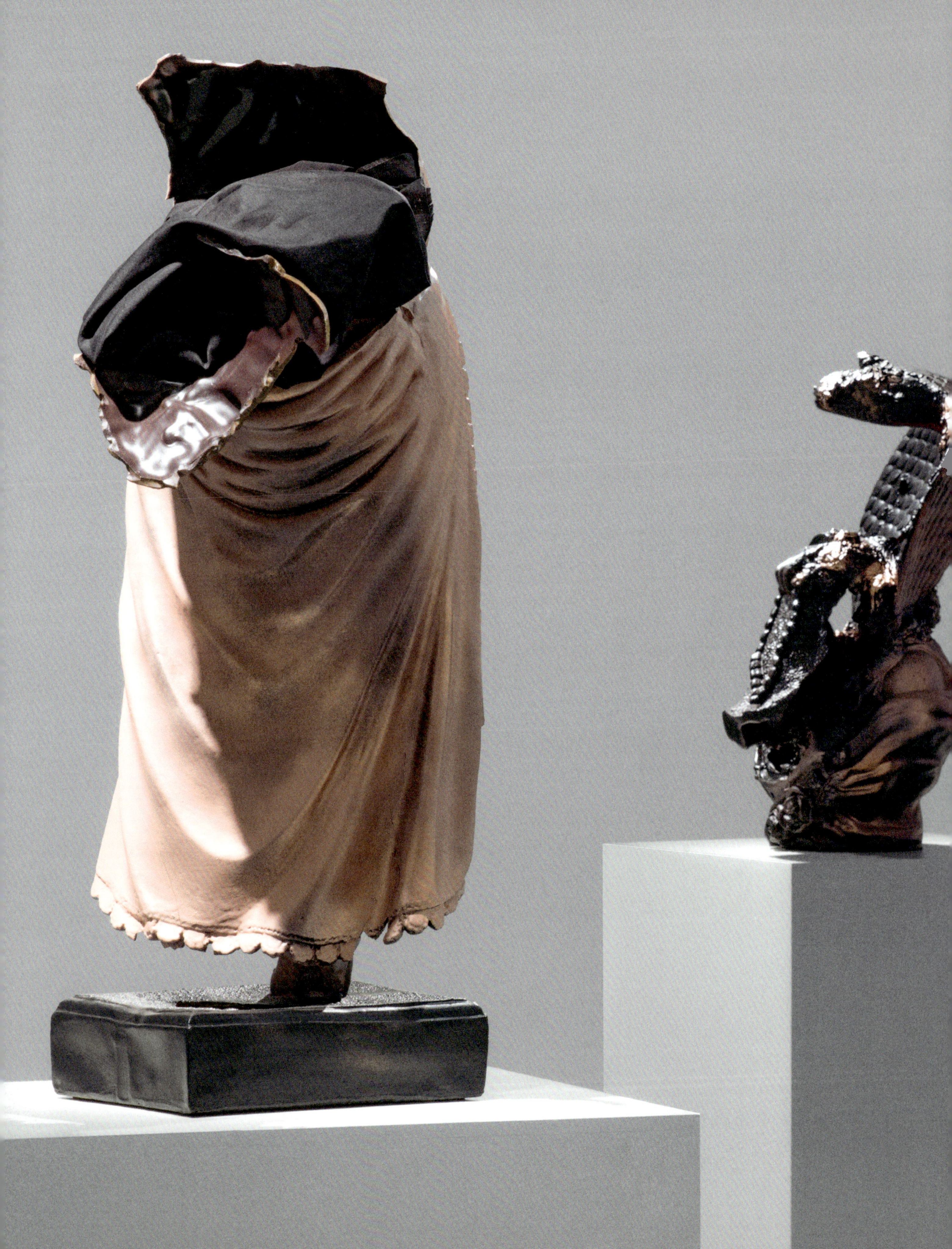

Thomas Helbig
Ausstellungsansicht / exhibition view
KAI 10

Theater der Anspielungen

Zdenek Felix

Der italienische Kardinal und Historiker Pietro Sforza Pallavicino (1607–1667), Zeuge des Hochbarock in Rom, hat in seinen Schriften als einer der Ersten die Frage nach der Fiktion in der Kunst angesprochen. Für ihn war der barocke Illusionismus keine Täuschung. Vielmehr sah er darin ein Mittel, um „dem Rezipienten die Scheinhaftigkeit des Werks von Anfang an" bewusst zu machen, wie sie „für die geforderte Herausforderung seiner Sinne unabdingbar ist"[1]. In den Skulpturen des deutschen Malers und Bildhauers Thomas Helbig finden sich Elemente, die insofern auf eine Verwandtschaft mit der bewusst als Fiktion auftretenden synkretistischen Praxis des Barock verweisen, als sie die Fiktion der „Zeitlosigkeit" als Prinzip zum Ausgangspunkt des Schaffens machen. In seinen dreidimensionalen Arbeiten überbrückt Helbig die Distanz zwischen Vergangenheit und Jetztzeit, indem er Bruchteile von Materialien unterschiedlichster Herkunft miteinander verbindet, um sie Metamorphosen auszusetzen. Am Ende dieses Prozesses stehen fiktive, mehrdeutige Mischwesen, Gestalten und collagierte Torsi, die „zeitlos", weil undefinierbar wirken, gleichsam den fragmentarischen Formen des digitalen Zeitalters entsprungen.

Helbigs Repertoire entstammt dem Fundus der ausrangierten, weggeworfenen Dinge, eine in der Kunst weit zurückreichende Praxis. Er greift zu Objekten, die im Abfall wie auch auf Flohmärkten und in den Regalen der Dekoabteilungen von Warenhäusern zu finden sind. Besonders interessieren ihn kitschige Pop-Figuren, pseudobarocke Vasen oder Devotionalien aus Kunststoff. Deren meist hohle Formen zerbricht Helbig und verklebt die Fragmente zu neuen Objekten, die er anschließend bemalt und „dekoriert". Erkennbare Teile wie menschliche Hände, Köpfe, Füße, Brüste sowie tierische Körper und Fratzen verbinden sich darin zu seltsamen, teils albtraumartigen, teils grotesken Gebilden. Es entstehen überraschende Objekte mit breiter assoziativer Wirkung. Mit vagen Andeutungen verweisen sie auf ihre eigene Vergangenheit, verunklären sie jedoch und fordern die Betrachter zu Nachforschungen auf. Bezüge zu *Alien*-Filmen (*Marquise*, 2017) stellen sich ein, ebenso wie jene zur Kunstgeschichte, Religion und Mythologie (*Opera*, 2016). Helbigs eigene Biografie, mit ihren Verbindungen zur süddeutschen, vornehmlich vom Barock beeinflussten Kulturlandschaft, macht sich hier unterschwellig bemerkbar.

Diese spezifische, theatralische Tendenz zur barocken Inszenierung zeigen insbesondere Helbigs Werke aus der letzten Zeit. Während die früheren Arbeiten aus einheitlichem Material, in der Regel Kunststoff, hergestellt wurden, verwendet der Künstler in den neuen Skulpturen Umhänge oder Draperien aus gewobenen Stoffen wie Samt oder Gaze und andere, schleierartige Textilien als essentielle Ergänzung. Die auratische Wirkung dieser weichen Materialien, ihre haptische und sinnliche Präsenz, fügen den Skulpturen einen Hauch des Festlichen und Zeremoniellen hinzu. Man ist verführt, an Kostüme und Accessoires von Schauspielern, aber auch an die klassischen Masken des venezianischen Karnevals zu denken. In einer Ausstellung in Berlin verwandelte Helbig eine ganze Wand mit einem dunkelroten, wallenden Vorhang zu einer Theaterbühne, wobei er im Vorfeld mit unter dem Stoff versteckten, rätselhaften Gegenständen eine anspielungsreiche Szenerie geschaffen hatte.[2]

Will man eine kunsthistorische Relation zu den aktuellen Skulpturen von Thomas Helbig herstellen, so zeichnet sich ein Faden zu den collagierten Puppen des italienischen „Metaphysikers" Giorgio de Chirico ab. Seine *Manichini* und *Beunruhigenden Musen* aus den Jahren 1916 bis 1922 zeigen Figuren, die aus unterschiedlichen Gegenständen wie Schneider- und Gliederpuppen, Hutmacherformen, Winkelmaßen und vielen anderen Dingen zusammengestellt sind.

Diese merkwürdigen Gestalten stehen bewegungslos, in sich ruhend auf leeren Plätzen. In anderen Fällen verharren sie in klaustrophobischen Interieurs, als ob sie in eine philosophische Meditation versunken wären, Zeugen von unentwirrbaren Geheimnissen und Mysterien. Kaum einem anderen Künstler im 20. Jahrhundert ist es gelungen, den einfachen, alltäglichen Gegenständen so viel Magie zu entlocken wie es de Chirico in seinen Darstellungen rebushafter, aus diesen Gegenständen zusammengestellter Puppen und Mannequins (*Der große Metaphysiker*, 1917) getan hatte.

Für Thomas Helbig vermischen sich in de Chiricos *Beunruhigenden Musen* und *Metaphysischen Stilleben* unterschiedliche Zeitebenen und Perspektiven, gehen die Vergangenheit und Gegenwart ineinander über. Während aber der griechisch-italienische Zeremonienmeister in die Antike eintaucht, um ihre Rätsel zum permanenten Antrieb seiner „metaphysischen" Fragestellungen zu verwandeln, sucht der deutsche Künstler seine Ideengrundlage in dem zerstückelten Bild der digital kommunizierenden Gegenwart. „Wenn das Internet oder vielleicht die Digitalisierung, also die technische Möglichkeit, alles in Daten zu verwandeln, eine totalitäre Metamorphose bedeutet, wird eine Denkfigur, nämlich die Metapher der ‚Tiefe' durch die Metapher des ‚Netzes' ersetzt. Da das Netz prinzipiell eine Oberfläche ist, auf der alles gleich tief oder flach erscheint, muss es darum gehen, diesem positivistischen Standpunkt eine poetische Metamorphose entgegen zu setzen."[3] Helbig experimentiert in seinen dreidimensionalen Materialcollagen mit Partikeln der „disneyfizierten" Vergangenheit, des heutigen Kitsches, wie auch mit den Anleihen aus dem Illusionismus des Netzes und stellt dieser brisanten Mischung eine Welt poetischer Anspielungen und einer nicht enden wollenden, skeptischen Suche nach Sinn entgegen.

1
Valeska von Rosen, *Die doppelte Helena*, in: Süddeutsche Zeitung, 22.3.2002

2
Zwischen Hund und Wolf: Thomas Helbig – Luděk Rathouský, Ausstellung im Tschechischen Kulturzentrum Berlin, 24.2.–6.4.2017

3
Der Künstler in einem Brief an den Verfasser, 9.3.2017

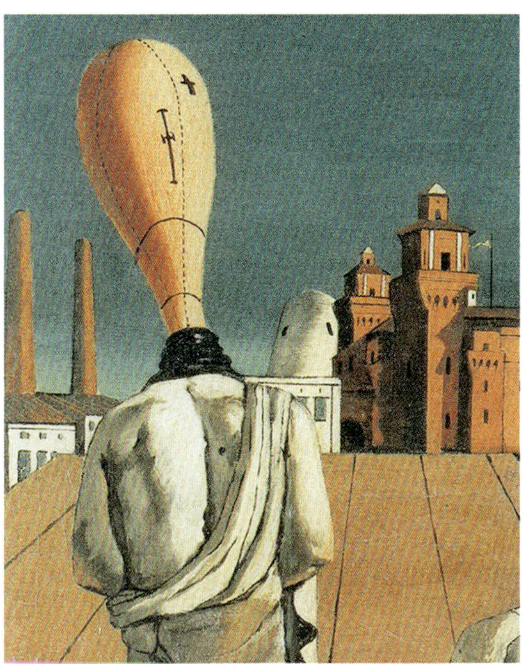

Giorgio de Chirico
Der große Metaphysiker
1917 (Detail)

Theater of Allusions
Zdenek Felix

The Italian cardinal and historian Pietro Sforza Pallavicino (1607–1667), a witness of the High Baroque era in Rome, was one of the first to write about the question of fiction in art. For him, Baroque illusionism was not a deception. Rather, it was a means to make "the illusory nature of the work" clear to the recipient "from the beginning," as it is "indispensable for the supported challenges of his senses."[1] In the sculptures created by German painter and sculptor Thomas Helbig, one can find elements that allude to a relationship with syncretistic Baroque practices that are consciously presented as fiction as they make the illusion of "timelessness" the vantage point of their creation. In his three-dimensional works, Helbig bridges the distance between past and present by connecting pieces of materials of the most diverse origins in order to send them through metamorphoses. This process results in fictitious, ambiguous hybrid beings, shapes, and collaged torsos that appear to be "timeless," coming across as being undefinable and at the same time emerging out of the fragmented forms of the digital age.

Helbig's repertoire emanates from a pool of discarded, thrown-out objects, which is an art practice with a long history. He utilizes objects that can be found in the garbage, at flea markets, or in the decoration shelves of department stores. He is especially interested in kitschy pop figures, pseudo-Baroque vases and devotional objects made of plastic. Helbig breaks apart their mostly hollow forms and glues the fragments together into new objects, which he then paints and "decorates." Recognizable parts, such as human hands, heads, feet, breasts, as well as animal bodies and grimaces are combined into strange, sometimes nightmarishly grotesque figures. The results are surprising objects with wide associative effects. With vague innuendos, they allude to their own origins, but at the same time obscure them and challenge the observer to investigate further. References to *Alien* films (*Marquise*, 2017) find their way in, as well as allusions to art history, religion, and mythology (*Opera*, 2016). Helbig's own biography with his connections to the cultural landscape of Southern Germany with its Baroque influences are subliminally recognizable.

Especially Helbig's recent works demonstrate this specific and theatrical tendency toward Baroque staging. While his early works were often created in homogenous materials, usually plastic, his new sculptures integrate mantles and drapes made from woven materials such as velvet and gaze, or other veil-like textiles, as essential complimentary elements. The auratic effect of these soft materials, their tactile and sensual presence, conveys a breath of celebration and ceremony to them as well. One is led to imagine actors' costumes and accessories, as well as the classical masks of the Carneval of Venice.

In a Berlin exhibition, Helbig transformed an entire wall with dark red rippled curtains into a theatrical stage, with hidden and mysterious objects placed behind the fabric to create an allusive scene.[2]

Regarding Thomas Helbig's current sculptures from an art historical perspective, the theme leads back to the collaged mannequins by Italian "metaphysician" Giorgio de Chirico. His *Manichini* and *The Disquieting Muses* from the years 1916 to 1922 depict figures assembled from diverse objects such as tailors' dummies and jointed dolls, milliners' heads, and drafting tools, as well as numerous other items. The strange figures stand motionless, self-centered in empty squares. In other cases, they persist in claustrophobic interiors, as if lost in philosophical meditation, witness to inextricable secrets and mysteries. Almost no other artist of the 20th century was able to draw out as much magic from simple, daily objects like de Chirico did in his presentation of puzzling objects created from dolls and mannequins (*The Great Metaphysician*, 1917).

For Thomas Helbig, de Chirico's *The Disquieting Muses* and *Metaphysical Still Life* combine different planes of time and perspectives, moving back and forth between past and present. While the Italian master of ceremonies dips into the antiquities in order to transform its mysteries into the permanent drive of his "metaphysical" queries, the German artist bases his ideas on the pixelated image of the digitally-communicating present. "When the Internet or possibly digitalization—the technical ability to change everything into data—means a totalitarian metamorphosis, then a figure of thought, the metaphor of 'depth,' is replaced by a metaphor of 'network.' Since, in principle, the Internet is an interface upon which everything appears to be equally deep or flat, it is essential that a poetic metamorphosis is imposed as a contrast to this positivistic viewpoint."[3] Helbig experiments in these three-dimensional collages of materials with particles of the "Disney-fied" past, of modern day kitsch, as well as borrowing from the illusionism of the digital network, and places this volatile mix in contrast to a world of poetical allusions and a never-ending skeptical search for meaning.

1
Valeska von Rosen, *Die doppelte Helena*, in: Süddeutsche Zeitung, 3/22/2002

2
Zwischen Hund und Wolf: Thomas Helbig – Luděk Rathouský, exhibition at the Tschechisches Kulturzentrum Berlin, 2/24-4/6/2017

3
The artist in a letter to the author, 3/9/2017

Thomas Helbig
Caligula Verstehen
2016/2017 (Detail)

Schinkel
2016/2017

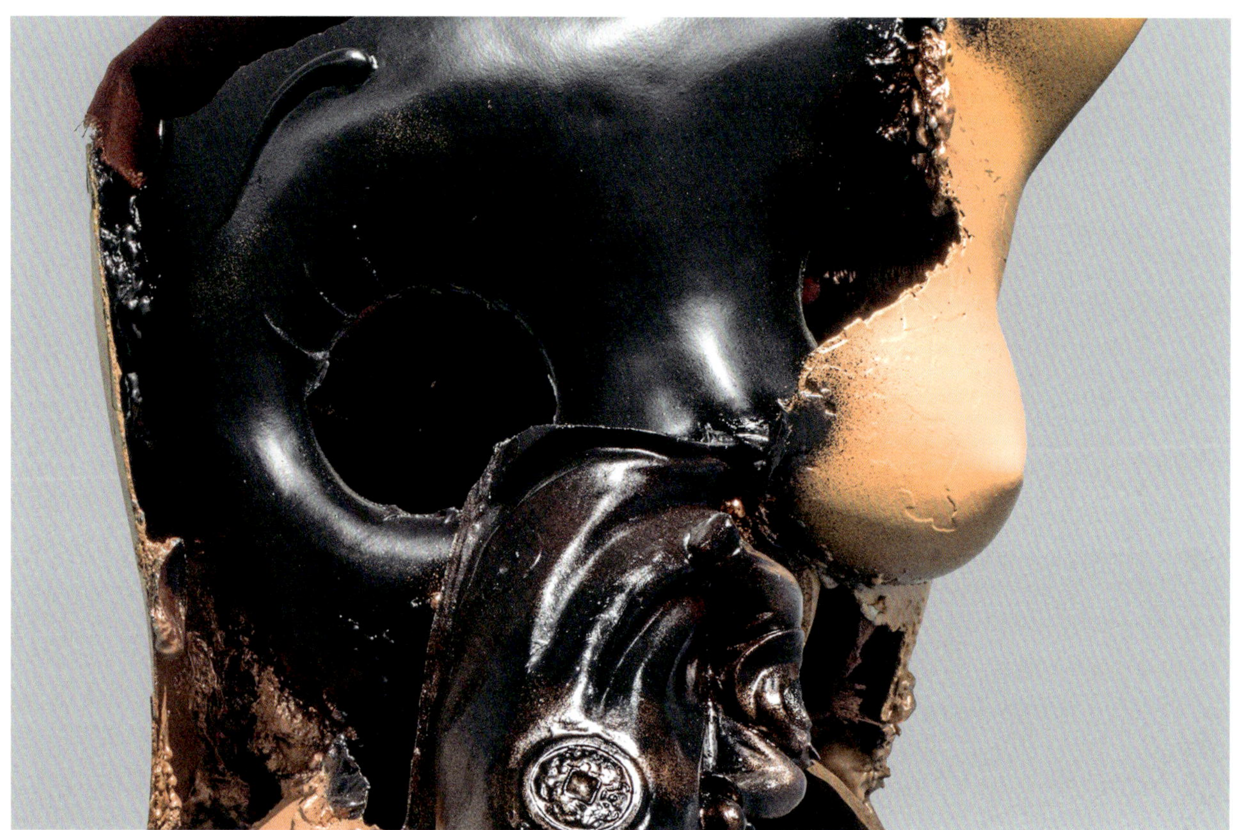

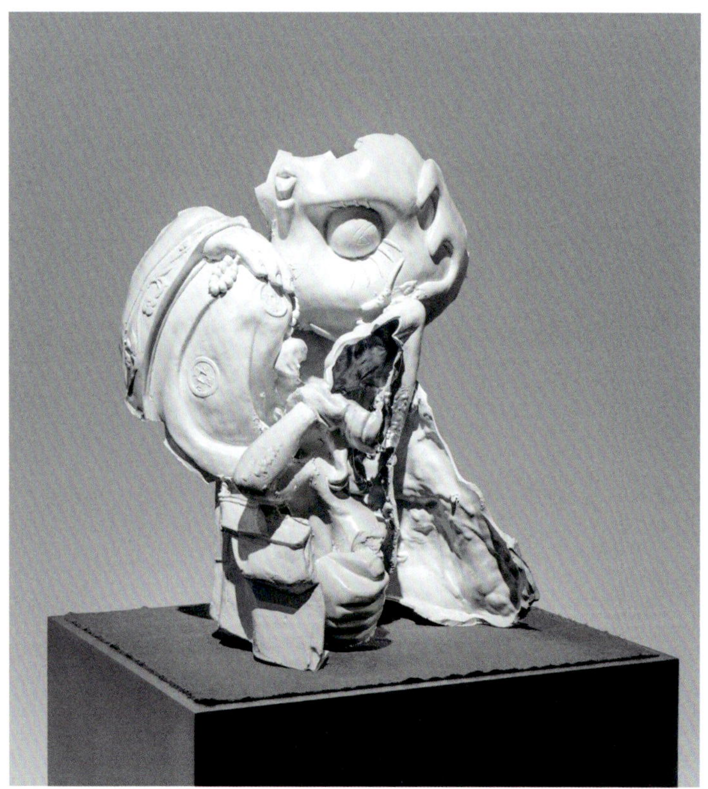

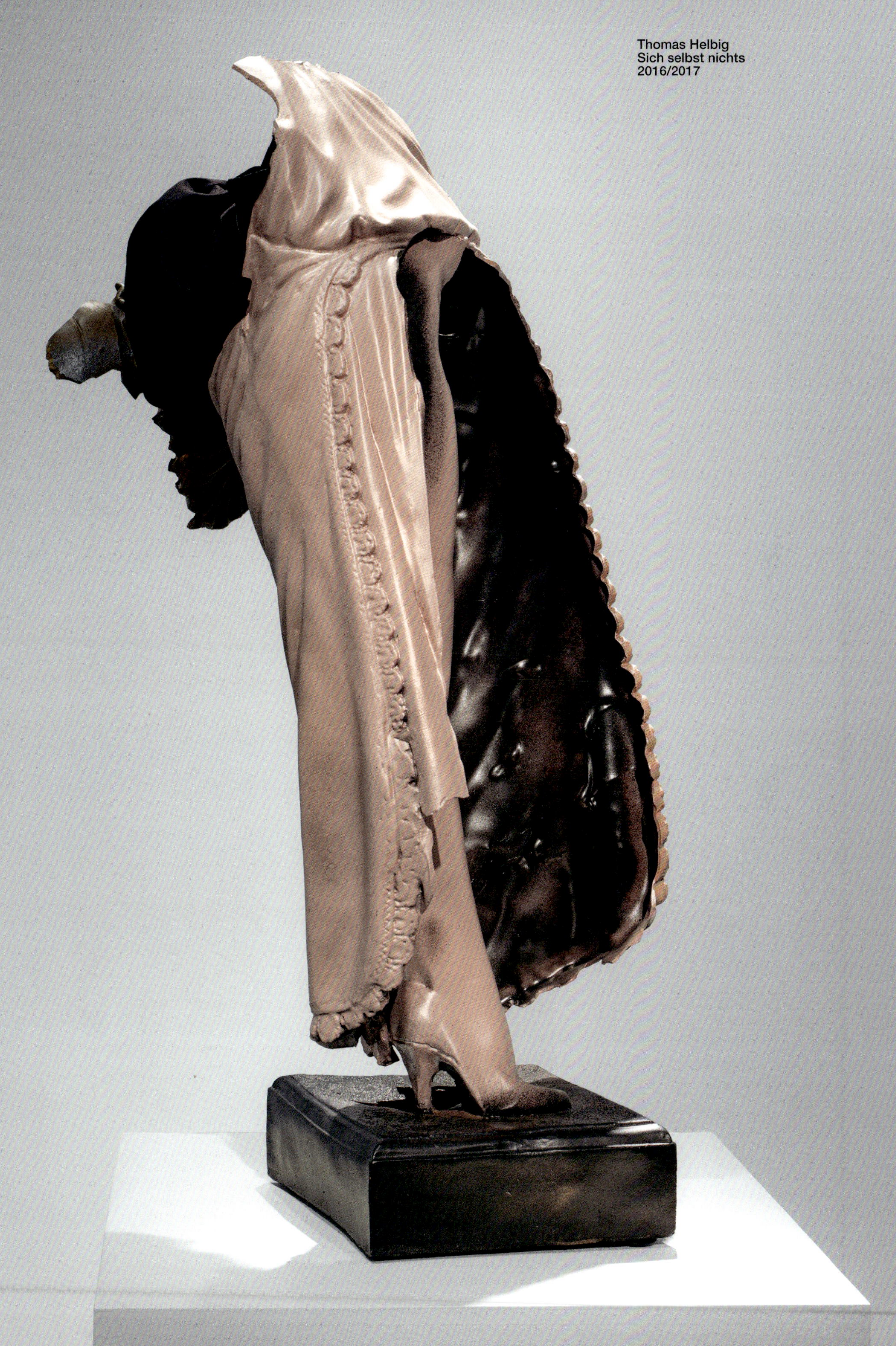

Thomas Helbig
Sich selbst nichts
2016/2017

Thomas Helbig
Die Gefahr im Jazz
2017

Augen nützen hier sehr wenig
2016/2017

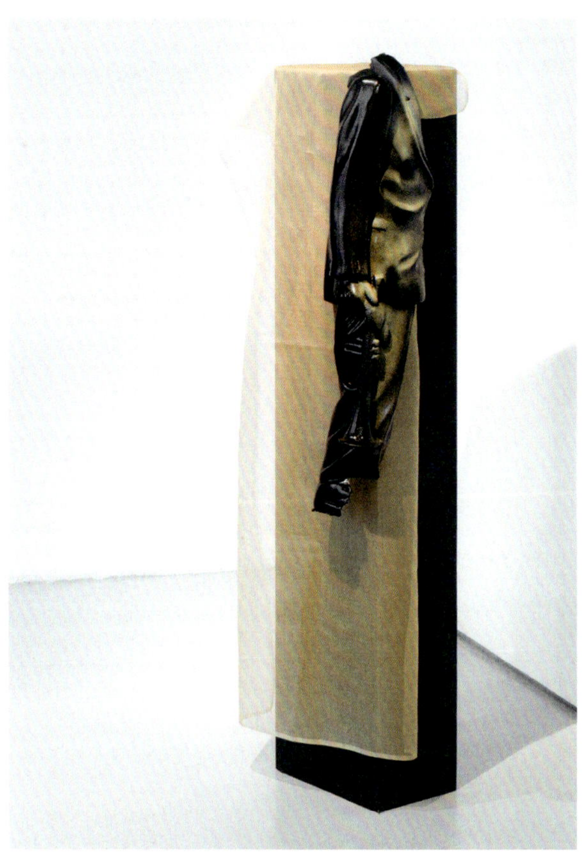

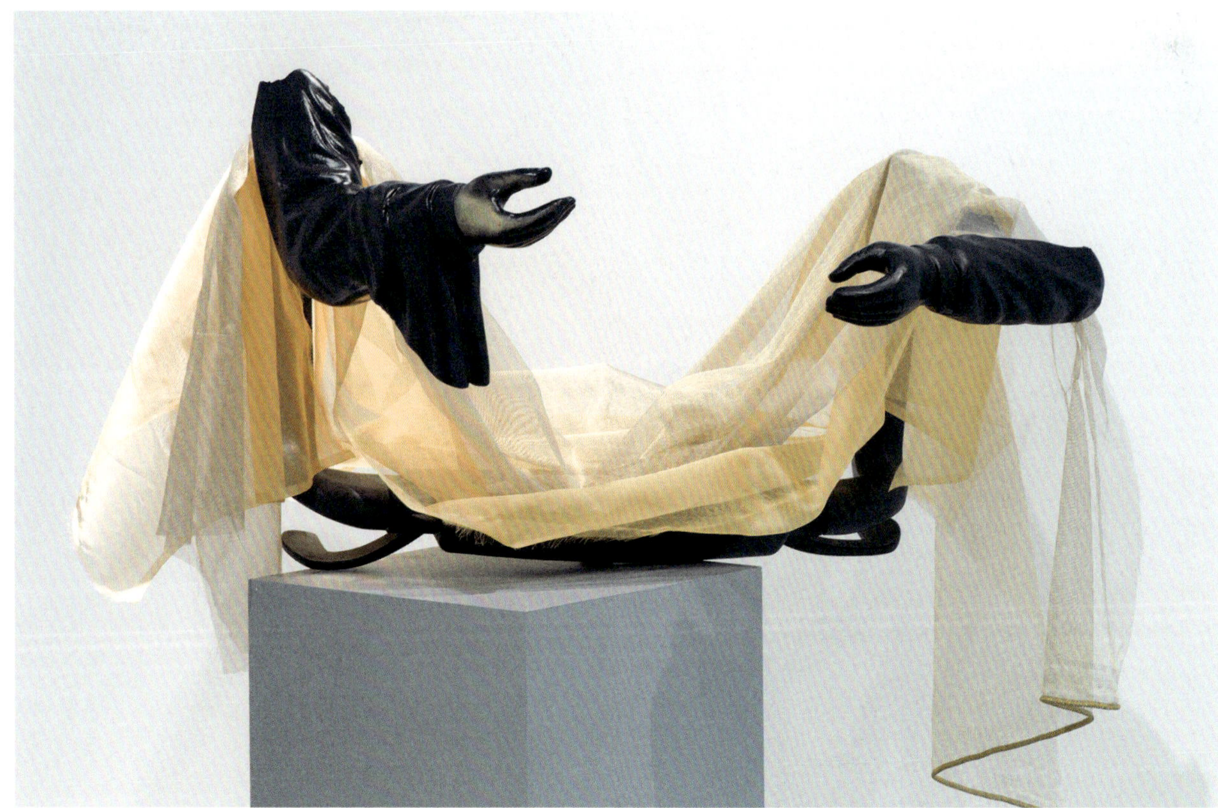

Thomas Helbig
Ausstellungsansicht / exhibition view
KAI 10

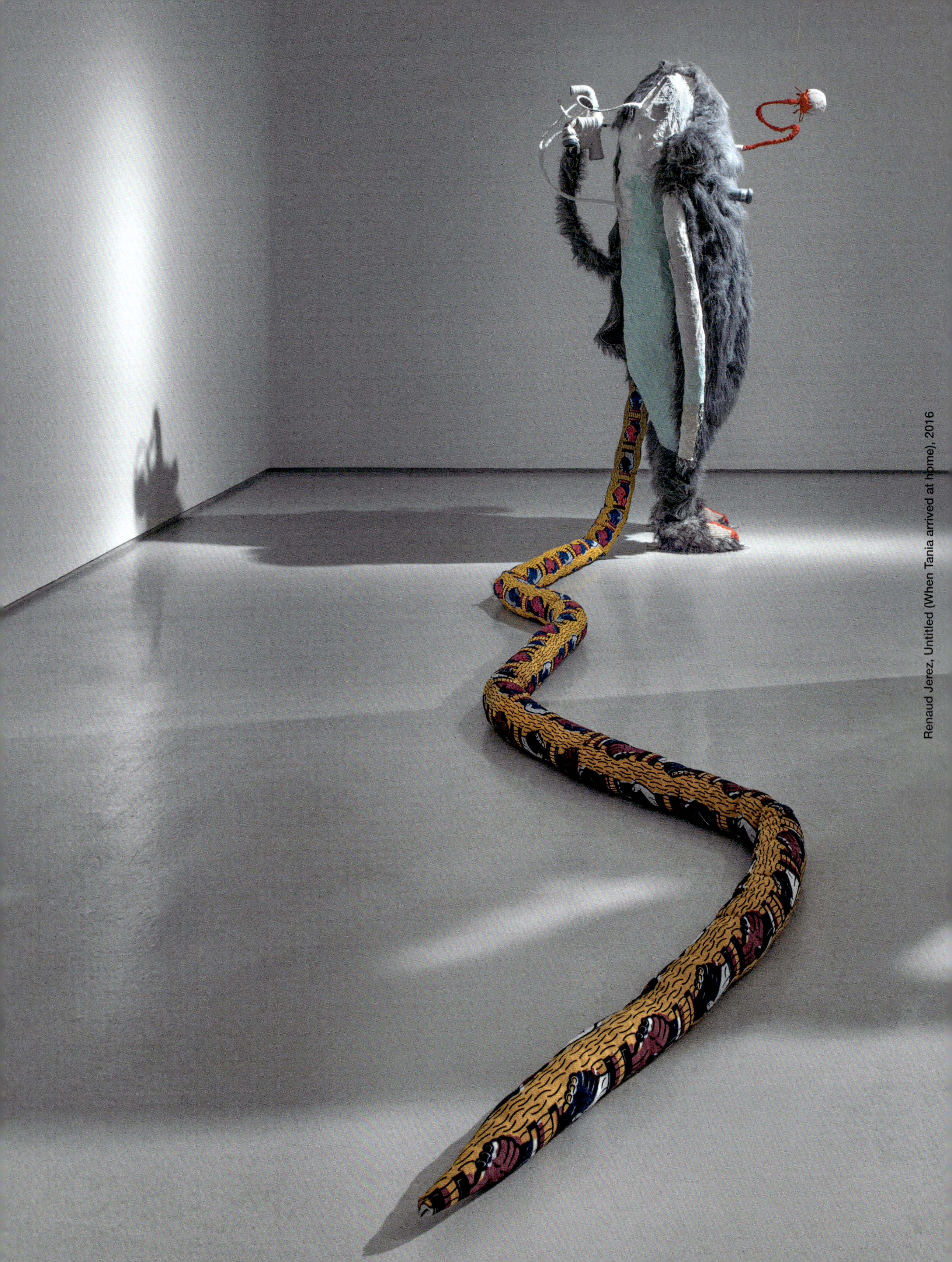

Renaud Jerez, Untitled (When Tania arrived at home), 2016

Renaud Jerez

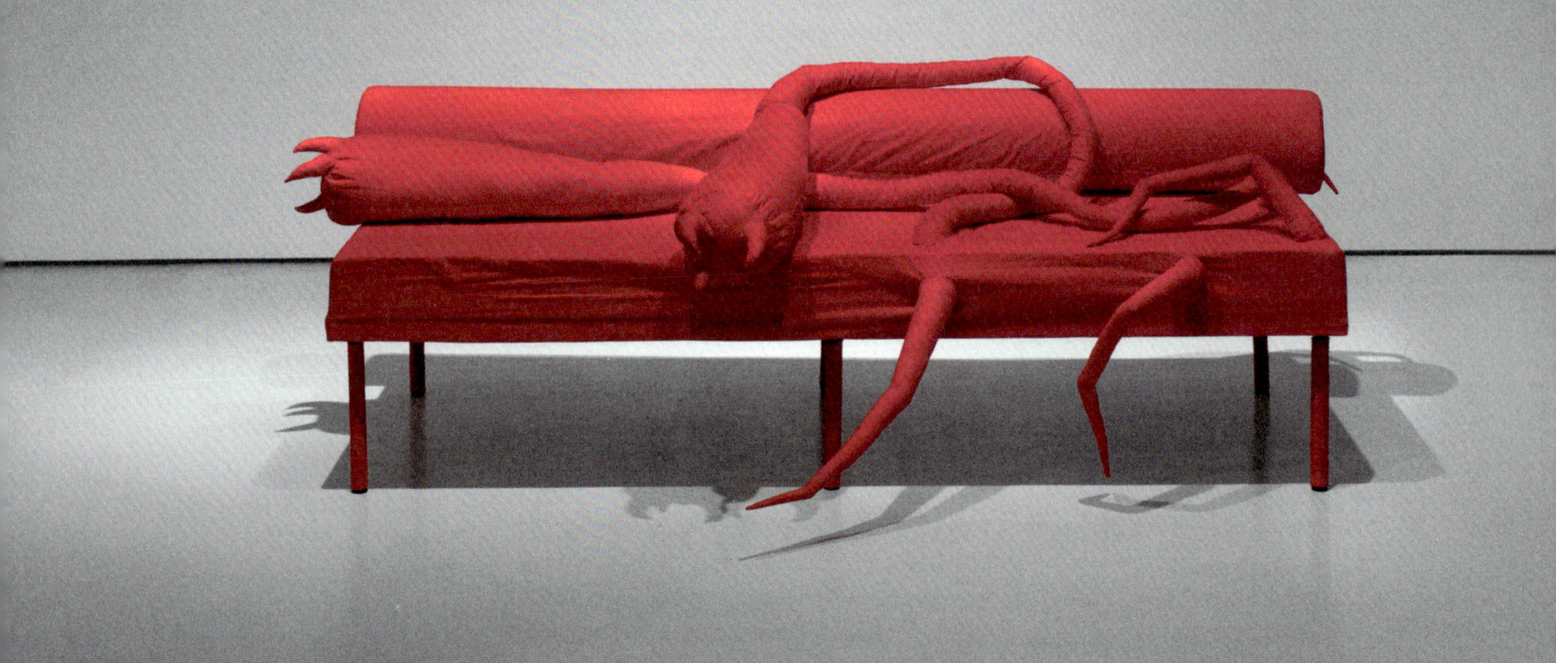

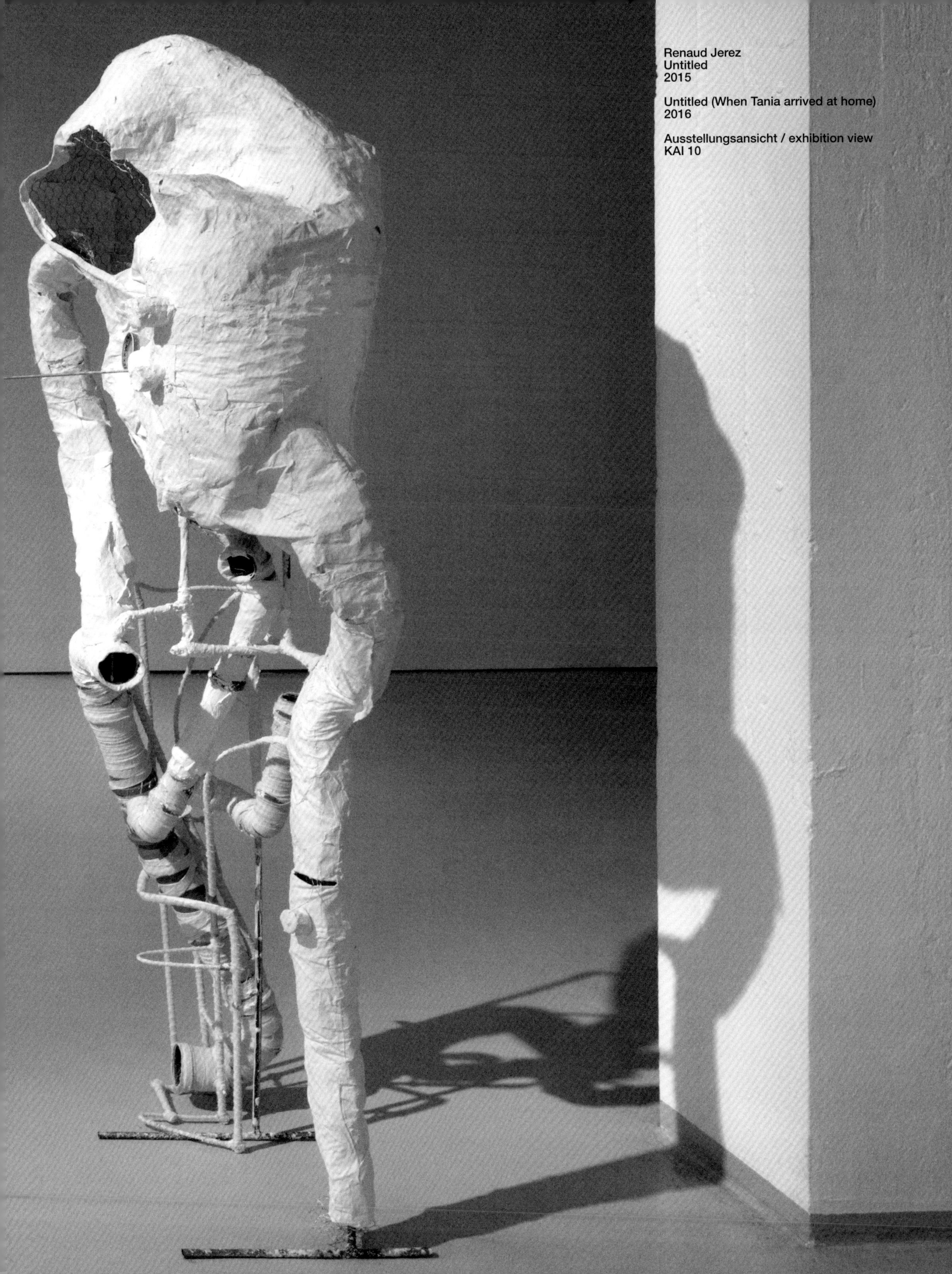

Renaud Jerez
Untitled
2015

Untitled (When Tania arrived at home)
2016

Ausstellungsansicht / exhibition view
KAI 10

Vertraute Fremdlinge

Cora Waschke

Ein haariges Monster auf zwei Beinen, sein Oberkörper aufgelöst in verschiedene, untereinander verzweigte Glieder, die kleinen Augen irgendwo darauf verteilt, reckt dem Betrachter knallrote Extremitäten zwischen Erregung und Erschlaffung entgegen. Krebsfühler und Zungen zugleich, lenken sie von einem menschlichen Gummipenis ab, der geradezu dezent im weiß-grauen Fell gebettet ist. Eine kräftige, große Hand hängt herab, menschlich und grün wie die des Comic-Helden Hulk, der seinen Energiebedarf über die Chloroplasten in seiner Haut deckt. *Untitled (When Tania arrived at home)* (2016) lautet der Titel dieser Figur des französischen Künstlers Renaud Jerez. Wer weiß, wer oder was sich in dieses Wesen verwandelt hat, als Tania nach Hause kam. Nun steht es einem gegenüber, und man möchte es fragen, woher es kommt, wie es ihm so geht. Man möchte es auch anfassen, unbedingt und dann doch lieber nicht. Jedenfalls gut, dass es so still steht, als hätte man ihm den Stecker gezogen oder als warte es auf seine Animation für den nächsten Auftritt.

Die roten Sofas von Jerez lösen ähnliche Wünsche von Nähe mit einem angenehm schaurigen Schauder aus. Ihre Applikationen aus Polstermaterial erinnern an Scheren und Fühler von Schalentieren. Gerne würde man sich diese umlegen und sich ein wenig umarmt und geborgen fühlen, aber wehe sie bewegten sich von selbst. Horror! Sigmund Freud griff in seinem Essay *Das Unheimliche* (1919) auf, „daß es in hohem Grade unheimlich wirkt, wenn leblose Dinge, Bilder, Puppen, sich beleben“[1]. Diese Erwartung entspräche dem Bereich der Fiktion und der Dichtung. „Wir erhalten so einen Wink, einen Unterschied zu machen zwischen dem Unheimlichen, das man erlebt, und dem Unheimlichen, das man sich bloß vorstellt oder von dem man liest.“[2] Das Unheimliche bleibt so auch bei Jerez im Bereich der Vorstellung, und es überwiegt der humoristische Anteil in der Wirkung seiner Werke. Das entspricht dem Anliegen des Künstlers, der nach eigener Aussage in einem einzigen Objekt versucht auszuloten, was anziehend und was abstoßend wirkt. Die Auseinandersetzung mit Ekel und Phobien auslösenden Themen, Materialien und Substanzen findet sich in der Kunst seit den 1990er Jahren unter der Bezeichnung Abject Art. Diese bezieht sich auf die französische Psychoanalytikerin Julia Kristeva und ihr Buch *Pouvoirs de l'horreur. Essai sur l'abjection* (1980), das die Berührung des Widerlichen und Bedrohlichen mit dem Ich untersucht. Bereits bei Hans Bellmer und seinen verdrehten und zergliederten Puppen lässt sich dieses durch das Indexikalische seiner Fotografie bestärkte Moment der Metamorphose zwischen lebendig und tot, zwischen menschlich und unmenschlich erkennen.

Einige Werke von Jerez erinnern an jene abgemagerten, skeletthaften Puppen und Figuren-Konstruktionen einer Eva Aeppli, andere an Dorothea Tannings *Soft-Pieces*, die amorphe Körper und Metamorphosen zwischen Körper und Möbel bilden. Heute sind diese Gebilde in der von Pop geprägten Interieurgestaltung angekommen, denkt man beispielweise an jene die Arme ausbreitenden Herzkissen. Und das unheimliche Erschaudern ist längst in Halloween-Happenings vermarktet. Auch das Netz bietet wunderbare Quellen für das distanzierte Erlebnis des Unheimlichen und Abjekthaften. Jerez' Figuren könnte man als temporär manifeste Metamorphosen durch das Netz wandernder Entitäten sehen, die dessen Bilder- und Informationsflut wahlweise inkorporieren. Sie sind keine Personifikationen, keine Sinnbilder des Cyberspace, nicht fluid, immateriell, glatt und glänzend, und was sonst noch mit der futuristischen Utopie der IT verbunden wird. Sondern sie sind das, was es in diesem Raum eben

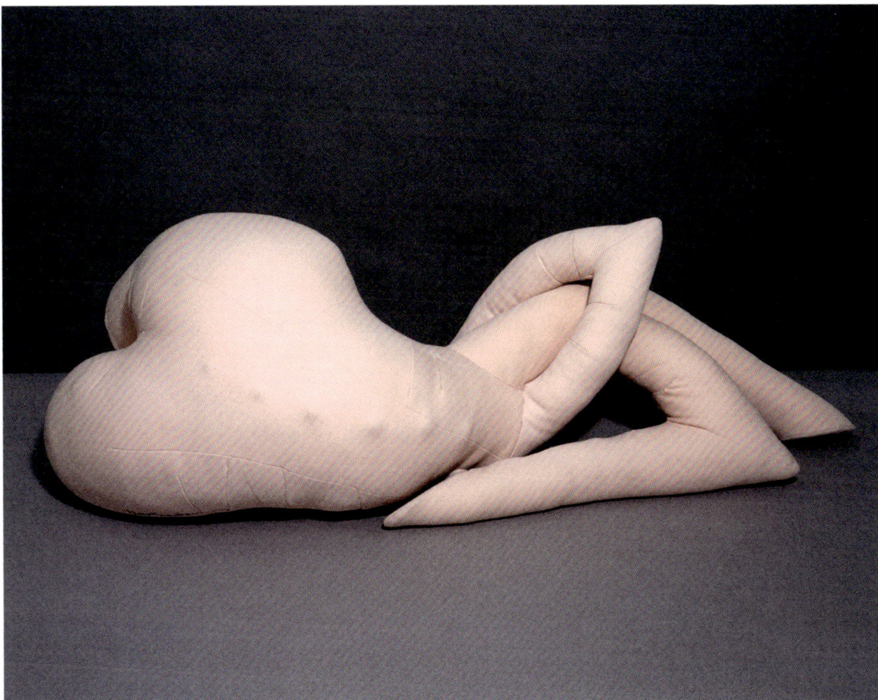

Dorothea Tanning
Nue couchée
1969–1970

1
Sigmund Freud, *Das Unheimliche*, 1919, in: *Studienausgabe, Bd. IV: Psychologische Schriften*, Frankfurt am Main, 1970 (1925), S. 241–274, S. 252

2
Ebd., S. 253

3
Roland Barthes, *Mythen des Alltags*, Frankfurt am Main, 2003 (1964), S. 76–77; übersetzt aus dem Französischen, Orginalausgabe: *Mythologies*, Paris, 1957

auch zu sehen gibt und was ihn überhaupt sichtbar macht: „dreckige" Kreaturen wie Gedanken und widerständige Materialität, Hardware. Jerez' frühe Videos reflektierten die inzwischen angestaubte Utopie einer transparenten, demokratischen, sauberen und innovativen Cyber- und Hightech-Welt. Mit seinen Figuren bewegt sich der Künstler nun in der Realität des Darknets, im Bereich des Dystopischen, in welchem von der Fortschrittsgläubigkeit eine Welt fehlgeleiteter Verkabelungen und außer Kontrolle geratener Metamorphosen zwischen Mensch und Roboter übrig geblieben ist, wie sie Katsuhiro Otomos Manga *Akira* aus den Jahren 1982 bis 1990 prognostizierte. Neben felligen Monstern und krebsartigen Vampiren erschafft Jerez mumifizierte Skelette. Vergleichbar dem blutroten *AA5* (2015), der kraftlos auf einer Art OP-Tisch liegt, scheinen sich manche dieser Figuren noch im Aufbau zu befinden. So lassen sich in *HBK* (2014) zwar zwei Hände erkennen, überwiegend ist die Arbeit aber mehr Konstruktion als Figur. In der Serie *Untitled* von 2015 formen sich mit angekokelten Stoffbinden umwickelte PVC-Rohre und Metallstreben zu aufrecht stehenden Gestalten mit menschlichem Styroporkopf oder wattigem Schnabeltierkopf und großen Tatzen oder hölzernen Plattfüßen. In den fleischlosen Strukturen der Körper hängen rote Polsterwürste wie übrig gebliebene, funktionslose Organe und Adern. Die mumifizierten Skelette wirken, als seien sie die ausgetrockneten Überbleibsel, die Sedimente der „fluiden Identitäten" aus „fluiden Städten", wie der polnische Soziologe und Philosoph Zygmund Bauman u.a. in *Liquid Modernity* (2000) die in Städten der Angst lebenden Armeen von entwurzelten und beziehungslosen Konsumenten eines digitalen Totalitarismus nannte.

„Wie man weiß, ist das Glatte immer ein Attribut der Vollkommenheit, weil sein Gegenteil den technischen und sehr menschlichen Vorgang der Bearbeitung verrät: Der heilige Rock Christi war ungenäht, also ohne Nähte, so wie das makellose Metall der Science-Fiction-Raumschiffe keine Schweißnähte kennt"[3], schrieb Roland Barthes in *Mythen des Alltags* (1957). Jerez' Arbeiten sind kalkuliert nachlässig genäht. Fäden schauen hervor, Klebetropfen sind am Fell hängengeblieben. Die Faktur, an der sich die Gemachtheit des direkten Gegenübers abzeichnet, markiert den Gegenpol zur Vision von vermittelten ephemeren und scheinbar immateriellen Hologrammen. Benutzte Socken, Zigaretten und

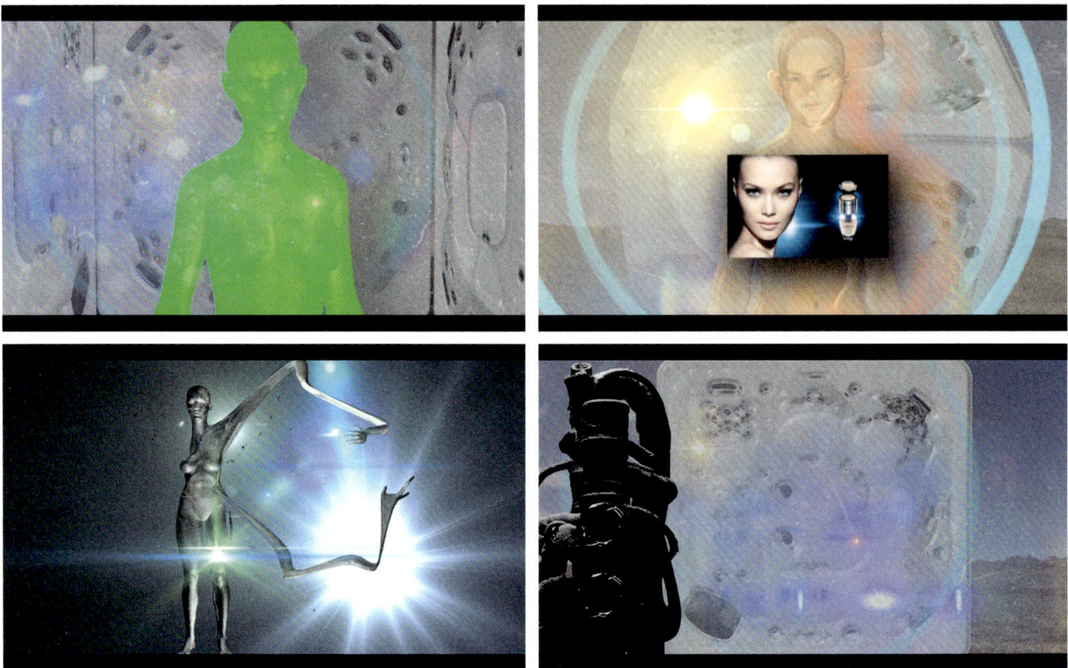

Renaud Jerez
Gr33d L4ncôm3 Bl4nc 3xp3rt
2013 (Filmstills)

Teile von Stofftieren bilden ebenso Figur und Körperteile wie Rohre primitiver Leitungssysteme. Dem inflationären Vergleich von organischen und zerebralen Prozessen des Menschen mit den Funktionsabläufen von Computern wird hier der Einsatz von massenhaft produzierten Lowtech-Elementen entgegengesetzt. Dies bedeutet aber keinen anachronistischen Rückgriff auf die Mensch/Maschine-Analogie der Moderne. Jerez überführt stattdessen die Vorstellung des Fluiden von Datenströmen der IT- und Kommunikationsgesellschaft ironisierend in die konkret Fluides leitenden Rohrkonstruktionen von Whirlpools.

Im Vordergrund bleibt der Eindruck eines obsessiven und zugleich unbedarft pragmatischen Umgangs mit Materialien und Darstellung, der an Werke der Art Brut denken lässt. Ähnlich der Arbeiten von Jerez sind dort das Monströse und Abgründige vertraute und unmittelbar empfundene Anteile des Selbst. Vor dem Hintergrund einer Einverleibung techno-positivistischer Science Fiction-Ästhetiken durch die Konsumindustrie folgen wir der Fiktion, dass uns ein felliger Chewbakka näher ist als ein Darth Vader mit Vocoderstimme. Das Tierhafte symbolisiert nicht länger das Fremde, sondern steht für eine wohltuende Rückbesinnung auf primäre Empfindungswirklichkeiten. Andererseits ist der Mensch bestrebt, in Form von Avataren eine digitale Verwandlung vorzunehmen und sich im virtuellen Raum zu verflüchtigen. Die Figuren von Jerez hingegen haben eine umgekehrte Verwandlung vollzogen. Aus dem Cyberspace kommend haben sie sich materialisiert, um uns im physischen Raum zu bannen.

Intimate Strangers
Cora Waschke

A hairy monster upright on two legs, its upper body dissolving into various intertwined limbs, with little eyes randomly placed, stretches its bright red extremities between arousal and flaccidity toward the observer. Crab antennae and at the same time tongues, they divert attention from a human rubber penis, downright discreetly embedded in white-grey fur. A strong, large hand hangs down, human and green like the one of the comic hero Hulk, who gains his energy though chloroplasts in his skin. *Untitled (When Tania arrived home)* (2016) is the title of this work by French artist Renaud Jerez. Who knows who or what morphed into this being when Tania returned home. Standing in front of it, one now wants to ask it where it came from and how it is doing. One wants to touch it—absolutely—then again, maybe not. In any case, it is a good thing that it is standing so still, as if someone had pulled the plug or it was waiting to be animated for its next appearance.

Jerez's red sofas trigger a similar desire for closeness—with a pleasantly eerie shudder. Its applications formed from cushioning materials remind one of crustacean pincers and antennae. One wants to be wrapped within them and feel embraced and secure, but they better not start moving on their own. Horror! In his essay *The Uncanny* (1919), Sigmund Freud states "that it is highly uncanny when inanimate objects—pictures or dolls—come to life."[1] This expectation is in keeping with the realm of fiction and poetry. "This suggests that we should differentiate between the uncanny that we actually experience and the uncanny that we merely picture or read about."[2] Likewise, in Jerez's work, eerie things remain within the realm of the imagination, and the humorous part predominates in the impact of his works. That is also the intent of the artist, who, in his own words, attempts to connect both that which attracts and that which repulses in a single object. Explorations of topics, materials, and substances that lead to disgust and phobias can be found since the 1990s under the genre of Abject Art. It refers to French psychoanalyst Julia Kristeva and her book *Pouvoirs de l'horreur. Essai sur l'abjection* (1980), which examines the interactions of the abhorrent and the menacing with the ego. This could already be recognized in the works of Hans Bellmer, with his twisted and dismembered dolls, and the indexicality of the moment of metamorphosis between living and dead, between human and unhuman that was greatly emphasized through his photography.

A few of Jerez's works are reminiscent of the emaciated and skeletal dolls and figure-constructions by Eva Aeppli, while others recollect Dorothea Tanning's *Soft-Pieces*, which depict amorphous bodies and metamorphoses between body and furniture. These kinds of figures have become integrated in today's pop art inspired interior decorating, for example, heart-shaped pillows with outstretched arms. And spooky shivers have long been commercialized in Halloween happenings. The Internet also provides wonderful sources for the distanced experience of that which is uncanny and abjective. Jerez's figures can be interpreted as temporarily manifested metamorphoses of entities wandering through the Internet, that selectively incorporate a flood of images and information. They are not personifications, not symbols of cyberspace, not fluid, immaterial, slick or polished, or anything else that is linked to a futuristic IT utopia. Rather, they are what one can also encounter in this room and what makes it visible at all: "dirty"

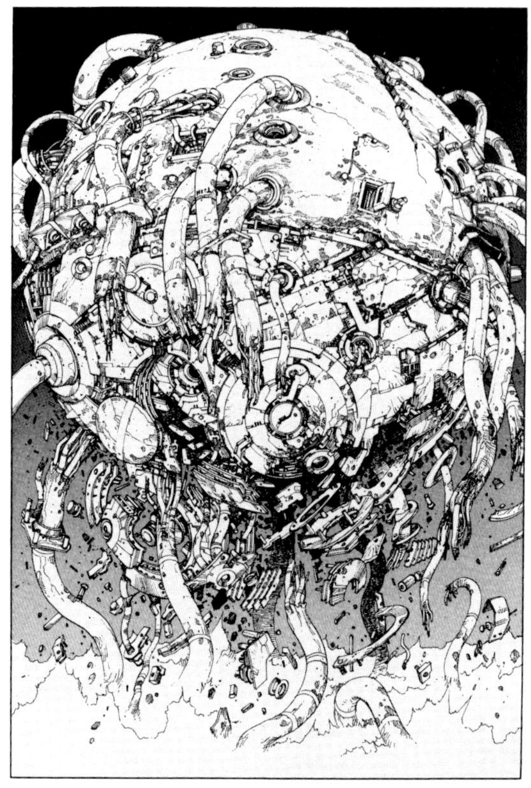

Katsuhiro Otomo
Akira, Titelmotiv /
cover image
Episode 113, 1990

creatures like thoughts and refractory materiality, hardware. Jerez's early videos reflected the outdated utopia of a democratic, clean, and innovative cyber and high-tech world. Through his figures, the artist moves within the reality of the darknet, in the realm of dystopia, where all that is left of faith in progress is a world of misrouted wiring and out-of-control metamorphoses between humans and robots, as predicted in Katsuhiro Otomo's manga *Akira* from the years 1982 to 1990. In addition to furry monsters and crab-like vampires, Jerez also creates mummified skeletons. Similar to the blood red *AA5* (2015), which lies powerless on a kind of operating table, some of these figures appear to still be under construction. In *HBK* (2014), for instance, one can indeed recognize two hands, but the work is more in the process of being built than a completed human-like figure. In the series *Untitled* from 2015, upright figures with human styrofoam heads, wooly platypus heads, large paws and wooden flatfeet are formed through PVC pipes and metal struts wrapped in charred bandages. Red, tube-like cushions hang from the fleshless body structures like leftover and useless organs and veins. The mummified skeletons appear to be dried-out leftovers, the relicts of "fluid identities" from "fluid cities," as the Polish sociologist and philosopher Zygmund Bauman called them in his *Liquid Modernity* (2000), cities in which armies of uprooted and relationship-less consumers of a digital totalitarianism live.

"It is well known that smoothness is always an attribute of perfection because its opposite reveals a technical and typically human operation of assembling: Christ's robe was seamless, just as the airships of science-fiction are made of unbroken metal,"[3] wrote Roland Barthes in *Mythologies* (1957). Jerez's works are intentionally carelessly sewn. Threads stick out, glue drops are stuck to the furry material. This constructedness is contrasted with the vision of the imparted ephemeral and seemingly immaterial holograms presented across from them. Used socks, cigarettes, and parts of stuffed animals are morphed into figures and body parts, as well as tubes from primitive pipelines. The application of mass-produced low-tech elements is countered here through an inflationary comparison of organic and cerebral human processes with computer operational sequences. This, however, is not an anachronistic regression to the human/machine analogy of modernism. Rather, Jerez transfers the idea of the fluidity of the flow of data in an IT and communication society ironically to the concretely flowing pipe constructions of whirlpools.

The main impression remains one of an obsessive and at the same time ingenuously pragmatic manipulation of materials and presentations, reminiscent of the works by Art Brut. Similar to Jerez's sculptures, Art Brut presents monstrous and abysmal elements as intimate and directly experienced parts of the self. In the context of the engulfment of techno-positivistic science fiction aesthetics through the consumption industry, we follow the fiction that we are closer to a furry Chewbacca than to a Darth Vader with a vocoder voice. The animalistic no longer symbolizes the foreign, but rather the pleasant return to basic realities of perception. On the other hand, humans attempt to achieve digital metamorphoses in the form of avatars and seek refuge in virtual spaces. Jerez's figures, however, have achieved a reverse metamorphosis. Emerging out of cyberspace, they have materialized to banish us to physical space.

1
Sigmund Freud, *The Uncanny,* 1919, in: *The Standard Edition of the Complete Psychological Works of Sigmund Freud*, Volume XVII (1917– 1919), pp. 217–256, here p. 245

2
Ibid., p. 246

3
Roland Barthes, *Mythologies*, London, 1972, p. 88; translated from the French original: *Mythologies*, Paris, 1957

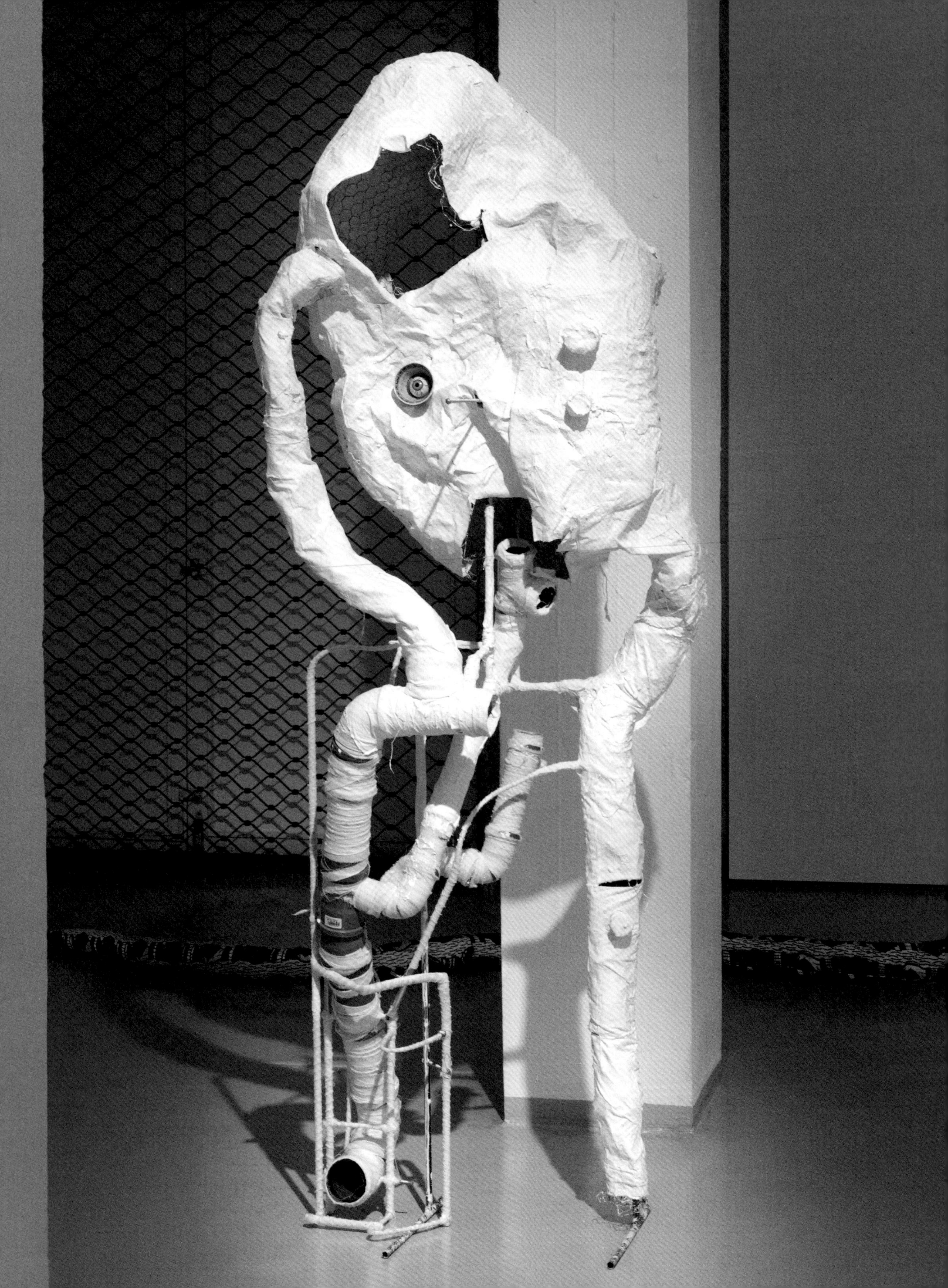

Renaud Jerez
Untitled (When Tania arrived at home)
2016

Untitled (When Tania arrived at home)
2016

Untitled (When Tania arrived at home)
2016

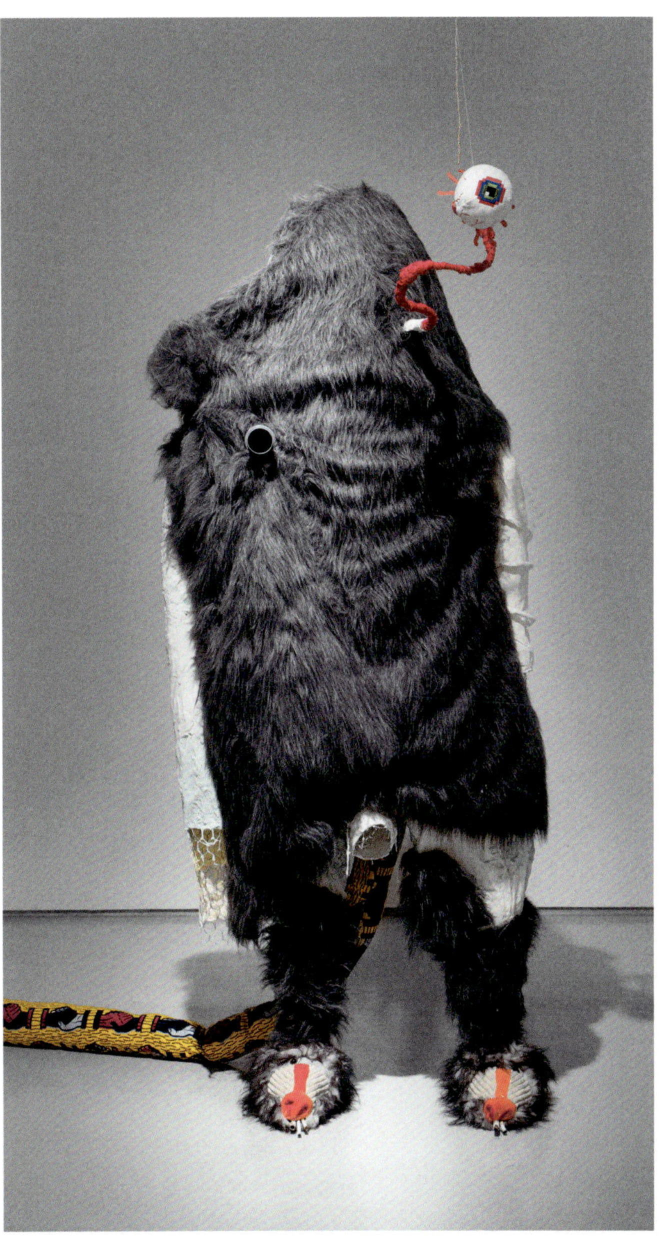

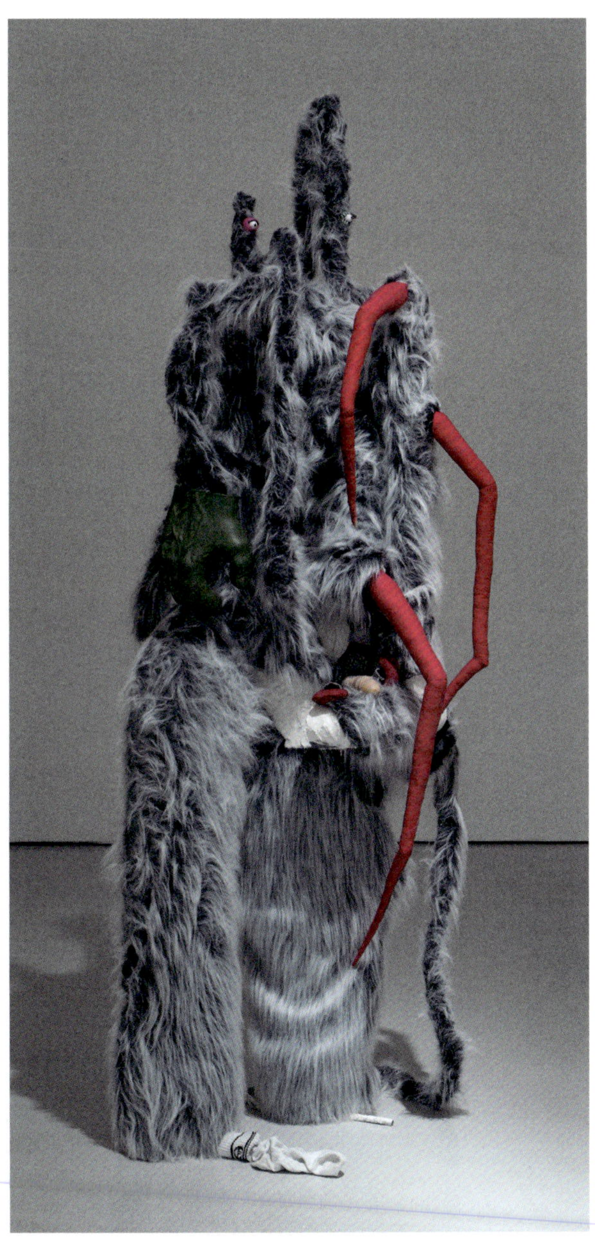

Renaud Jerez
AA5
2015

Thomas Helbig
Marquise
2016

Ausstellungsansicht / exhibition view
Galerie Guido W. Baudach, Berlin

Renaud Jerez
Untitled
2015

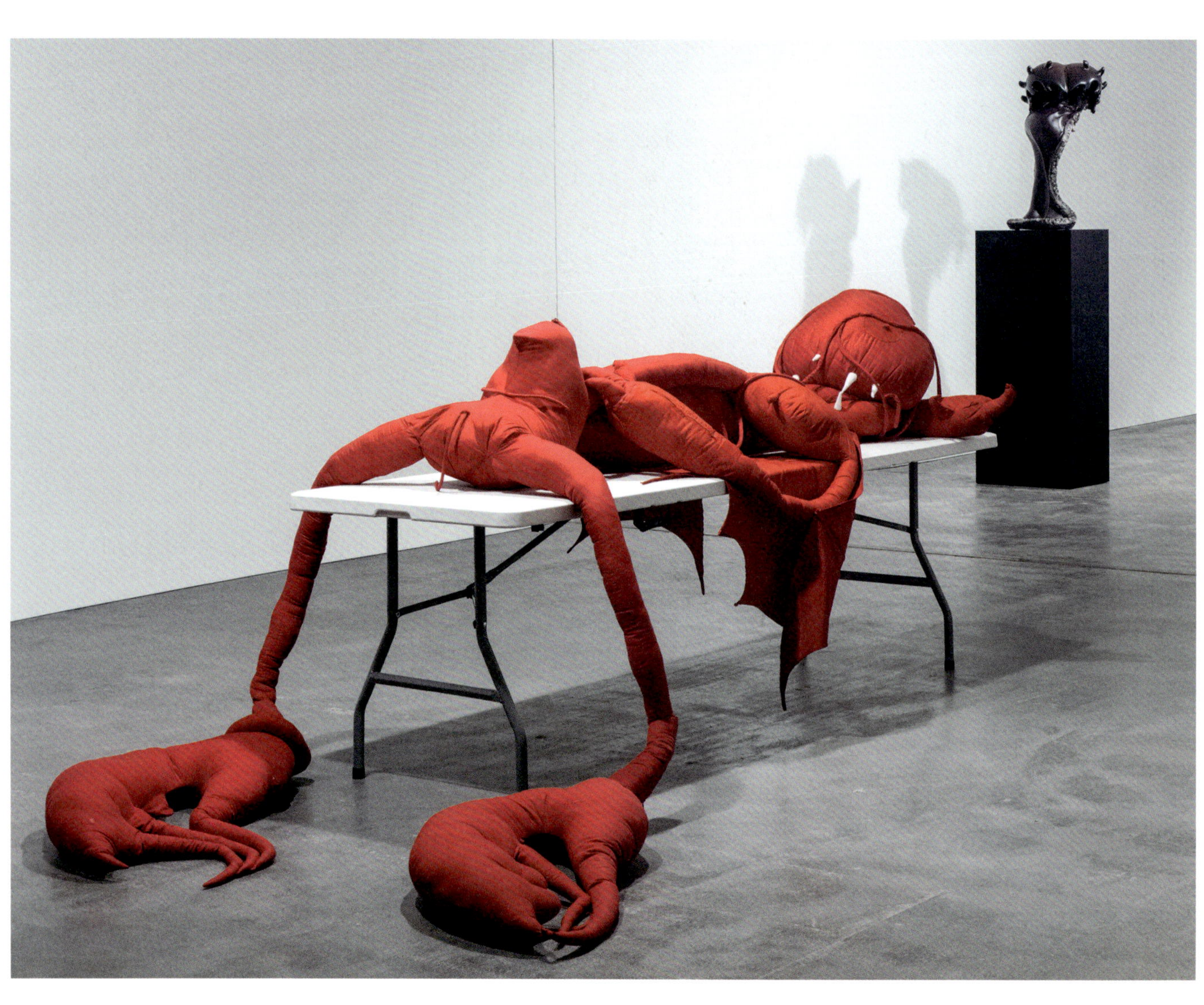

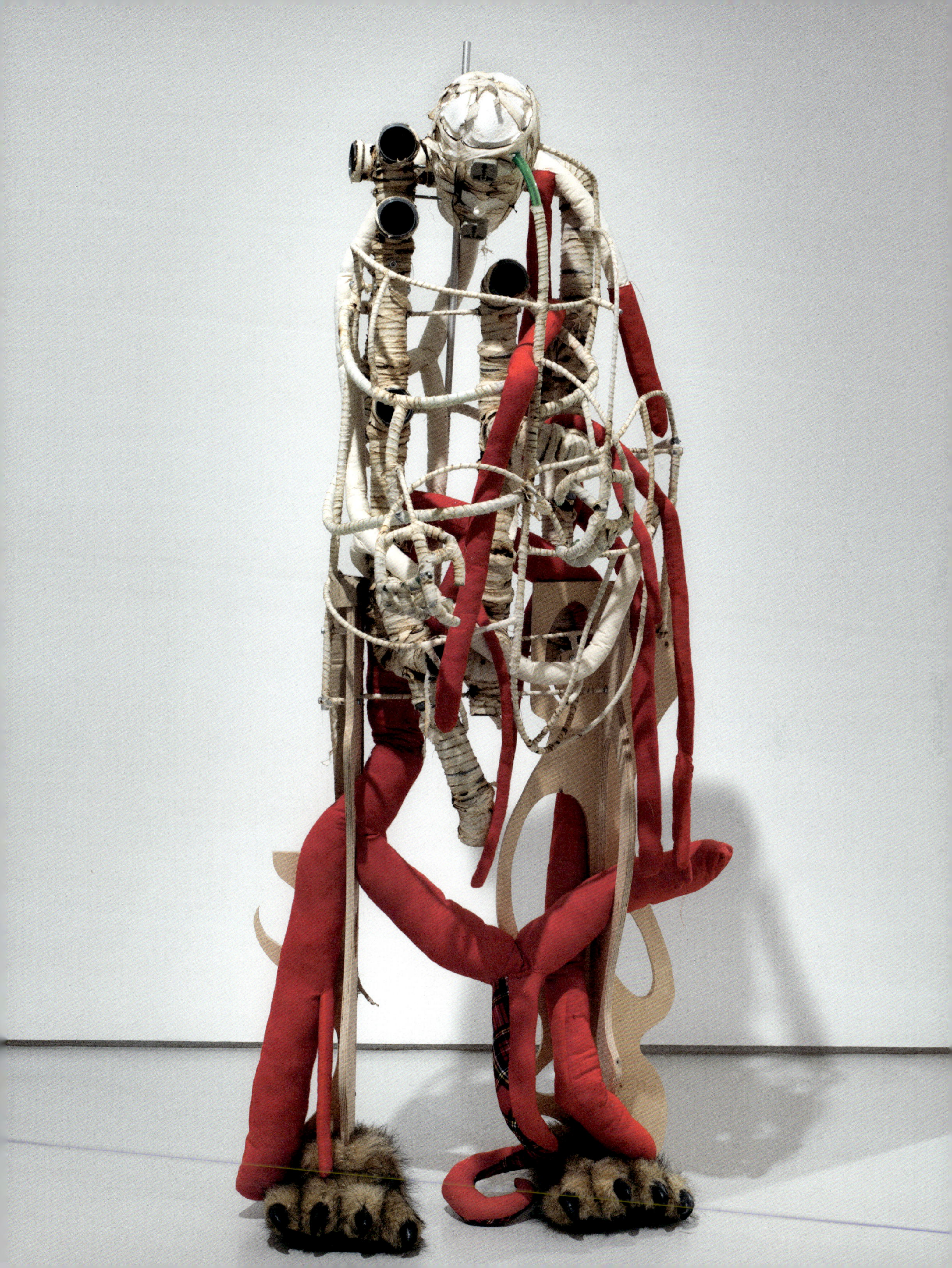

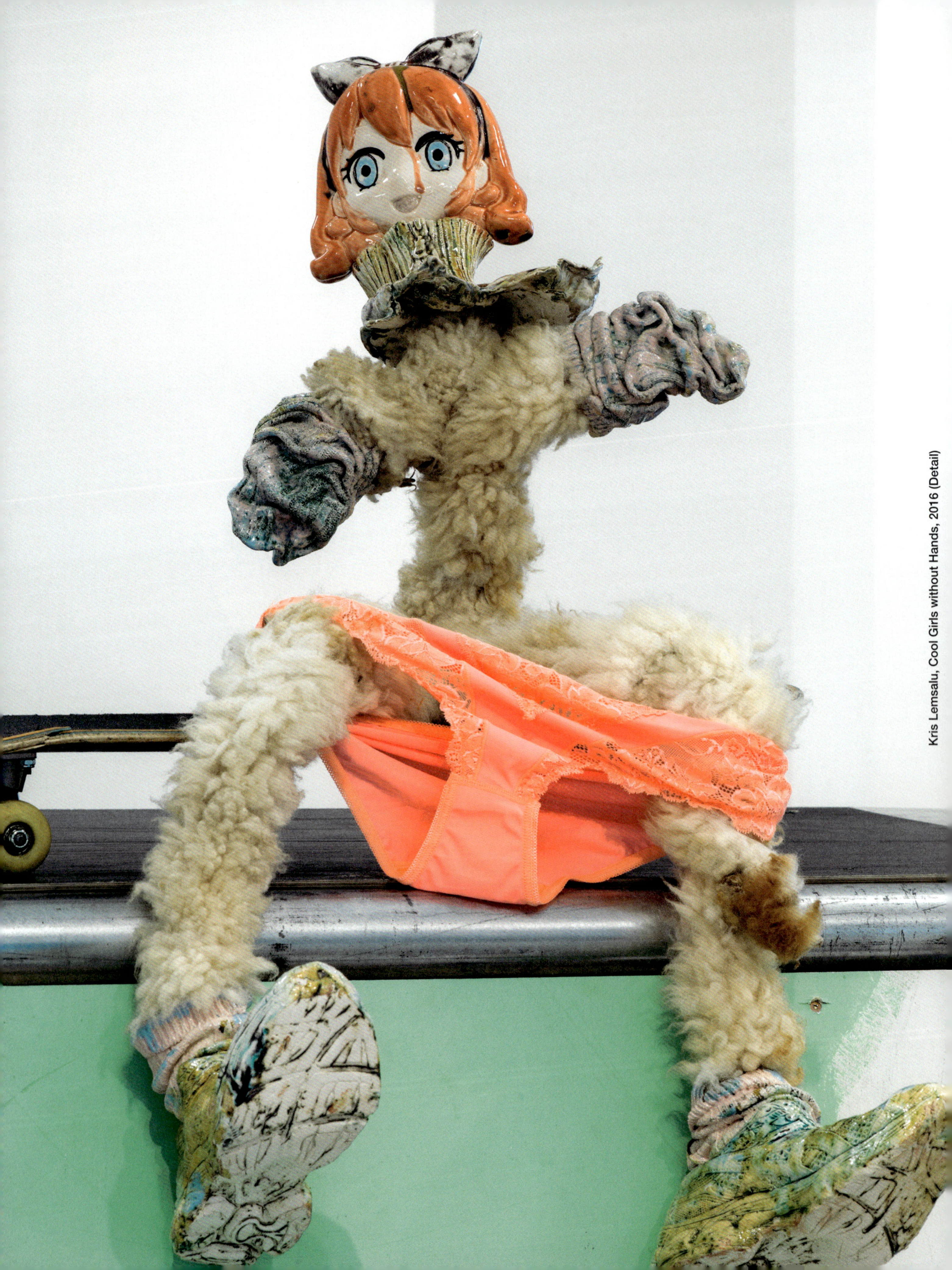

Kris Lemsalu, Cool Girls without Hands, 2016 (Detail)

Kris Lemsalu

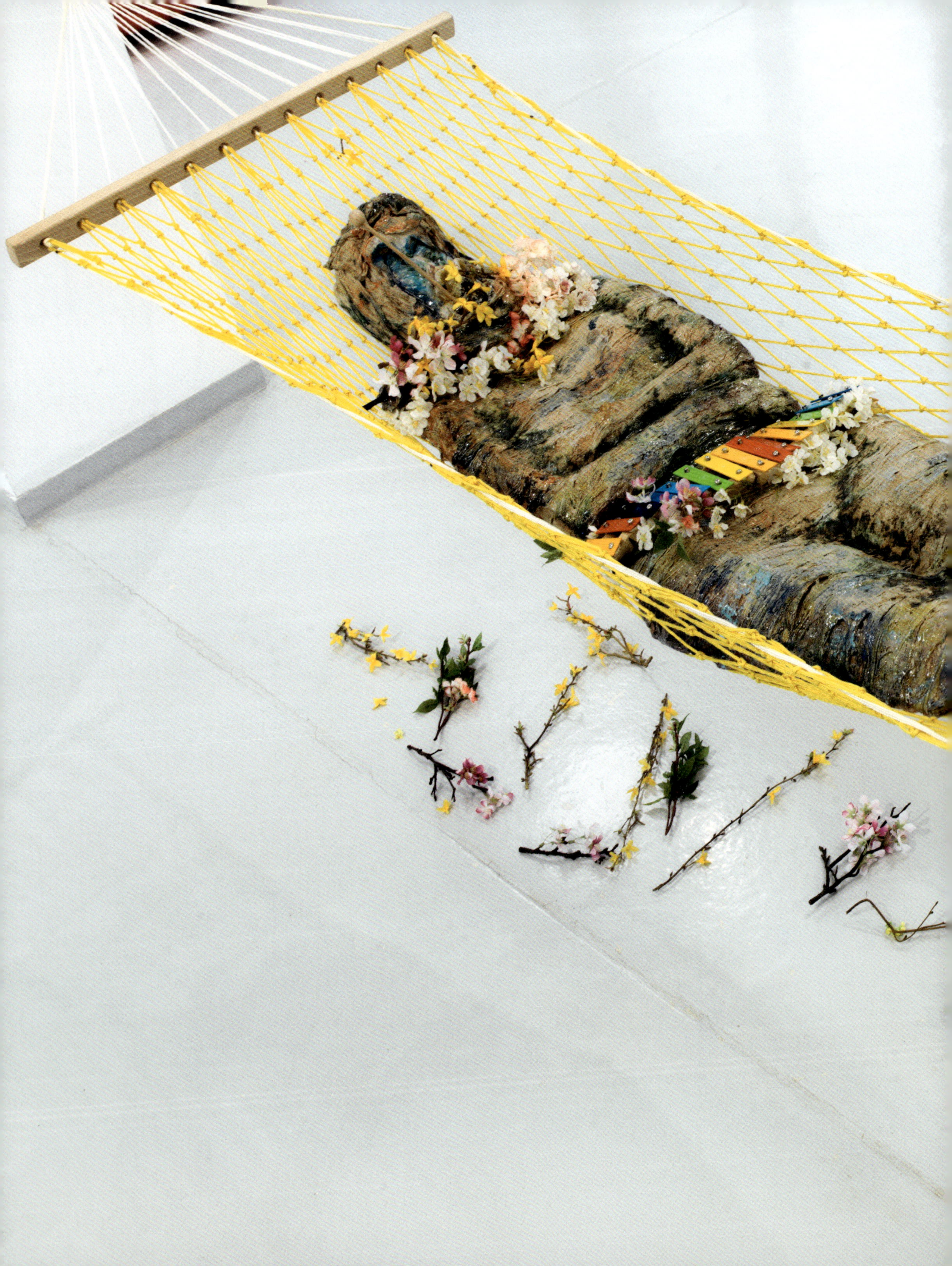

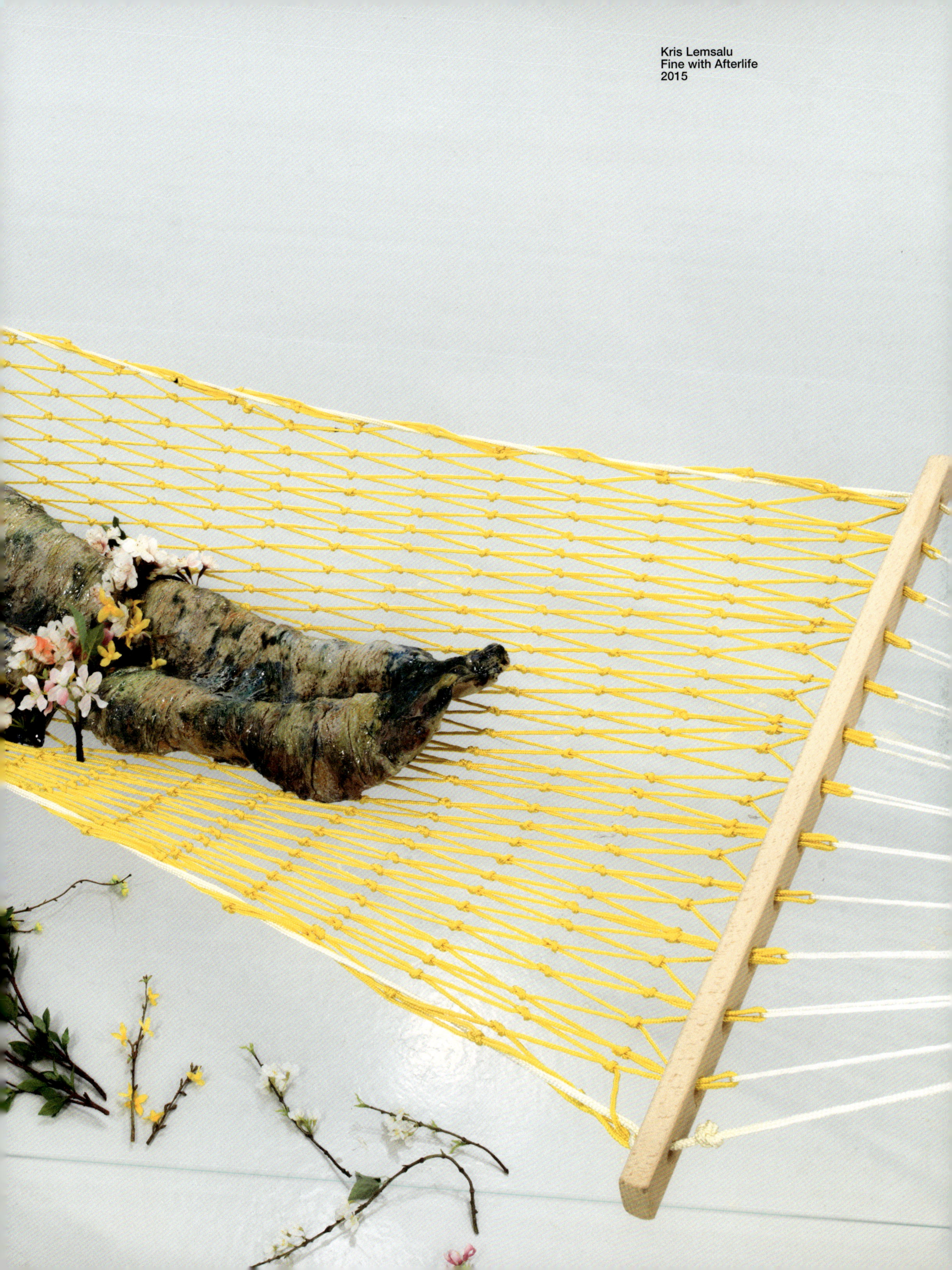

Kris Lemsalu
Fine with Afterlife
2015

Metamorphosen zwischen Traum und Trauma

Cora Waschke

Unter dem massiven Riesenschildkrötenpanzer aus schwach-bunter Keramik auf einem blauen Wasserbett schauen Arme, Beine und ein Haarschopf hervor. Die Finger- und Fußnägel sind rot lackiert. Den Schildkrötenpanzer verzieren wie an Ketten aufgezogene, farbige Glassteine. Um das Bett herum stehen zu Miniatur-Hochhäusern aufgetürmte, gefüllte und ungefüllte Eierkartons, auf denen sich kleine Schildkrötenpanzer häufen. Vor dieser Szenerie liegt ein Keramiktiger. Abgesehen von vereinzelten, zarten Bewegungen seiner Glieder bleibt das menschliche Schildkrötenwesen regungslos, eine Stunde, zwei, drei Stunden. Es braucht mehrere Männer, um den schweren Riesenpanzer am Ende der Performance anzuheben.

Zum Vorschein kommt eine zierliche junge Frau. Die estnische Künstlerin Kris Lemsalu ist nach Ausstellungen vorwiegend in ihrer Heimatstadt Tallinn, in Wien, Prag und Berlin seit dieser Performance auf der Frieze Art Fair in New York 2015 einem größeren Publikum bekannt. *Whole alone 2* besticht durch ihre Spannung zwischen Schönheit und Bedrückung, durch die Reduziertheit der eigentlichen Performance wie durch ihre Rätselhaftigkeit und Vieldeutigkeit.

Schildkröten kommen zum Eierlegen ans Land. Einmal begonnen, können sie nicht stoppen, bis auch das letzte Ei ins Sandloch gesetzt ist. Solange sind sie Wilderern ausgeliefert. Tierschützer bewachen inzwischen die riesigen Tiere während dieses Vorgangs und lassen die Eier an einem sicheren Ort ausbrüten, sodass die kleinen Schildkröten ins schützende Wasser tauchen können. Der Tiger kann in diesem Zusammenhang sowohl für die Bedrohung als auch das Bewachen stehen. Doch was bewacht er? Den geordneten Produktionsprozess eines tierischen Erzeugnisses zum massenhaften Verkauf, auf den die Eierkartons hinweisen? Noch bevor aus ihnen Leben entstehen kann, werden Eier gegessen. Unabhängig von unseren Essgewohnheiten symbolisiert das Ei den ewigen Kreislauf von Leben und Tod. Der weibliche Körper ist dabei eine Art Durchgangsmedium für diese zyklische Umwandlung. Die Frau erscheint in der Performance von diesem Schicksal in Form des Panzers wortwörtlich belastet und unterdrückt. Sie kann sich aus ihrer Lage, in die sie sich auch selbst gebracht hat, nicht selbstständig befreien. So liegt sie dort ganz ruhig, vielleicht schicksalsergeben, vielleicht beglückt, im großzügigen Einverständnis, an diesem Prozess des Gebens, Werdens und Vergehens teilzuhaben. Im Buddhismus ist es der Mensch, der sich aus dem metamorphotischen *Lebensrad*, dem „leidhaften Wiedergeburtenkreislauf", befreien kann. Wie unwahrscheinlich es ist, als Mensch geboren zu werden, erzählt eine buddhistische Analogie, so die Künstlerin: „Es ist so wahrscheinlich, wie eine Halskette ins Meer zu werfen, die sich dort um eine Schildkröte legt." Die Geburt als Mensch gilt als Glücksfall. Lemsalus Schildkrötenpanzer ist übersät mit „Edelsteinen". Der Mensch kann geboren werden. Das Tier aber stirbt, folgt man dem Roman *À rebours* (1884) von Joris-Karl Huysmans. In diesem beschafft sich der Protagonist eine Riesenschildkröte als Schmuck für seinen Teppich und verziert sie zur ästhetischen Einbettung ins Interieur mit Gold und Edelsteinen, woran sie krepiert. Es ist aber im Roman wie im Leben neben dem Tier auch der Mensch, der an seinem „lebenstötenden Stilwillen" selbst zugrunde geht.

Kris Lemsalu
Whole alone 2
2015 (Detail)

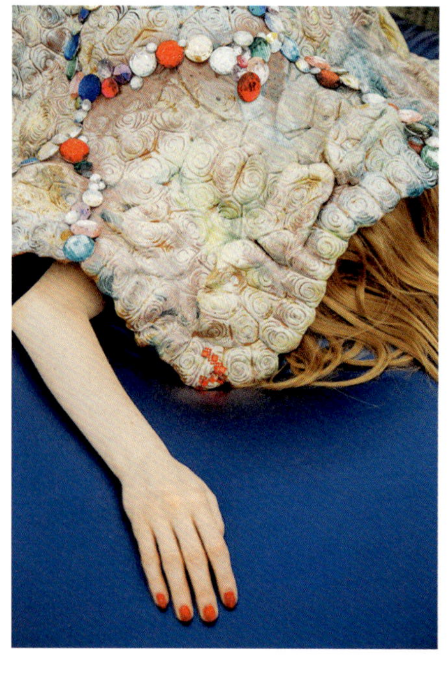

Die Themen Geburt und Fruchtbarkeit finden sich in Lemsalus Werk häufig, besonders in ihren Performances und fotografischen Selbstinszenierungen. In der

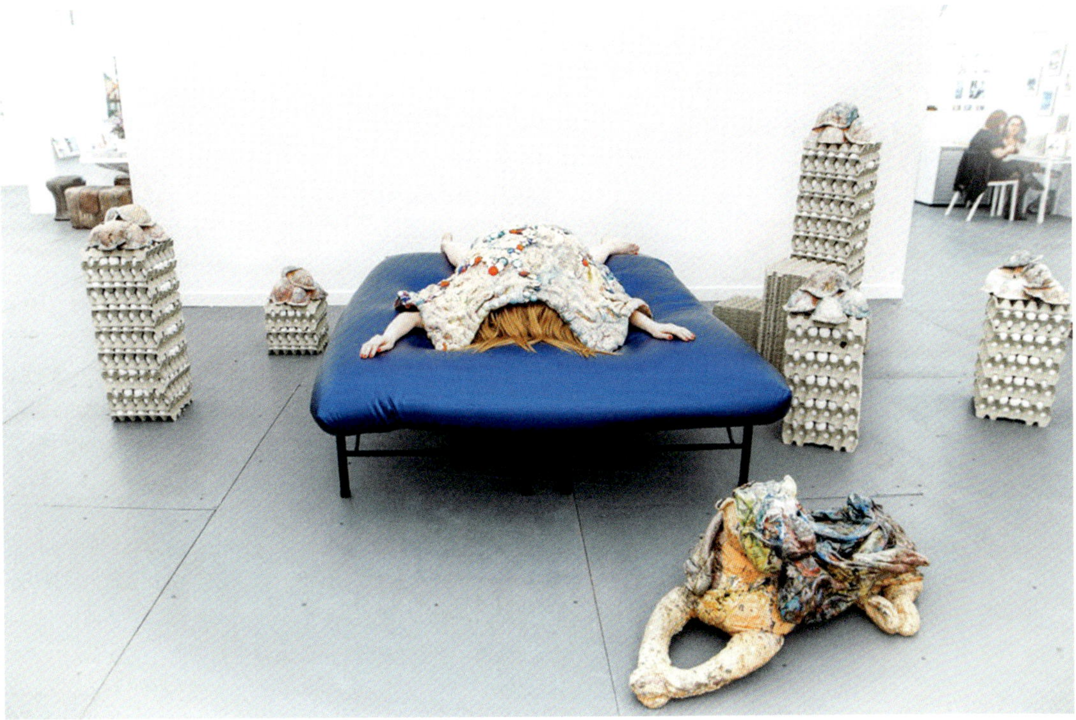

Kris Lemsalu
Whole alone 2
2015

Ausstellungsansicht / exhibition view
Frieze Art Fair, New York, 2015

Performance *The Birth of Venus* (2010) erinnert die mit exorbitanten weiblichen Geschlechtsmerkmalen aus ausgestopften Feinstrumpfhosen behängte Performerin an die *Venus von Willendorf*. Liegend gebiert sie einen weißen Luftballon, der stetig mit Gas aufgefüllt immer größer wird, bis er schließlich zerplatzt. Die Geburt, das pralle Leben, endet mit einem lauten Knall im Nichts des Todes. Ihren Fragen – Was bedeutet es, eine Frau in der Kunst zu sein? Was sind die Herausforderungen? – begegnet Lemsalu in ihren Arbeiten mit einer extremen Zurschaustellung von Weiblichkeit. Die Fotografie *Portrait with Tits* (2013) zeigt die Künstlerin mit zu Kuheutern aufgeblasenen Hygienehandschuhen auf dem Kopf und einem stark geschminkten Gesicht in einem transparenten Ganzkörperanzug. Aus Löchern im Oberteil ragen mehrere Brustattrappen, aus dem Riss im Schambereich hängt ein Bündel Hühnereier. In der feministischen Offensive gegen eine von Männern ausgeübte Pornografisierung des weiblichen Körpers in Form einer selbstbestimmten und selbstbewussten Demonstration der eigenen Sexualität überschneiden sich Popkultur und Kunstwelt. Angefangen bei Madonna finden sich heute sowohl bei der Sängerin Peaches als auch bei der Young British Art-Künstlerin Sarah Lucas in Werken wie *Nice Tits* (2011) oder *MumMum* (2012) ähnlich gestaltete Ansammlungen künstlicher Brüste als Kostüm, Installation oder Sitzobjekt. Dass die Exposition weiblicher Fruchtbarkeitssymbole so alt ist wie die Kunst selbst, zeigt unter anderem die antike Figur der *Artemis Ephesia*, Göttin der Jagd und Hüterin der Frauen und Kinder. Ihr Oberkörper ist von brustähnlichen Formen bedeckt, die auch als Stierhoden ausgelegt werden. Die Verschränkung von Mensch und Tier wie die Zweideutigkeit der Attribute in ihrer Geschlechterzugehörigkeit finden sich ebenfalls in Lemsalus *Portrait with Tits*, sind darin doch die Eier wie Hoden außerhalb des Körpers gelagert.

Die Gefährdung von Kreaturen – Mensch und Tier finden bei Lemsalu in ihrem Versuch, in einer grausamen Welt zu leben, zusammen – zieht sich als roter Faden durch das Werk der Künstlerin. Bei aller Ernsthaftigkeit des Themas zeugt die Darstellungsweise jedoch von einer guten Portion Galgenhumor. Die alle Viere von sich streckende Frau mutet wie in Slapstick-Manier vom Schildkrötenpanzer erschlagen an, die Selbstinszenierung mit übertriebener Demonstration verschiedenster Sexualmerkmale und Weiblichkeitsklischees erscheint im nachlässigen Arrangement wie ein karnevalesker Partygag. Auch die Manga-Plüschwesen mit herabgelassenen Mädchenschlüpfern in der Installation *Cool Girls without Hands* (2016) sehen auf den ersten Blick belustigend absurd aus. Auf einer Halfpipe sind langbeinige Figuren mit zottigen Fellgliedern und keramischen Köpfen sowie Schuhen und Socken an den Armstummeln auf Skateboards angeordnet. Sie fahren, fallen und posieren. Die Köpfe mit ihren übergroßen Augen, Stupsnasen und süßen Schleifenfrisuren stammen aus der Manga-Welt, in der erotische Kindfrauen die Phantasien japanischer Männer widerspiegeln. Die Rüschenunterhosen lassen in diesem Zusammenspiel an die zuerst aus Japan bekannte Praxis, ungewaschene Mädchenslips zu verkaufen, denken. Anstoß für diese Arbeit waren Lemsalus Eindrücke eines dortigen Aufenthalts. Die coolen Mädchen, die aufmüpfig den lässigen Skater-Kult meist männlicher Jugendlicher parodieren, scheinen sich auch über das merkwürdige Verlangen der Männer nach ihrer vermeintlich naiven Kindlichkeit lustig zu machen.

Die Keramikelemente in Lemsalus Arbeiten zeichnen sich durch eine exakte Wiedergabe der Form- und Oberflächenästhetik von Gegenständen aus, welche die Künstlerin durch ein eigens entwickeltes Verfahren erreicht. Bevor sie ihr Studium der Bildhauerei in Wien absolvierte, hatte Lemsalu Keramik in Estland und Dänemark studiert. Zum ersten Mal kombinierte Lemsalu Keramikelemente mit Alltagsgegenständen in *Wisdom and Eggs* (2011). Die Arbeit besteht aus vier Figuren mit keramischen Eulen- und Hühnerköpfen, gekleidet in neongelbe Signaljacken, in einem roten Schlauchboot sitzend, das mit Backsteinen beschwert ist. Auf den Köpfen befinden sich ihnen in Farbigkeit und Material gleichende Schirmchen, die an die Hüte chinesischer Reisbauern erinnern. Die Künstlerin erwähnt, dass sie, bevor sie mit der Arbeit begann, einen Artikel über den Untergang der chinesischen Wirtschaft gelesen hatte. *Wisdom and Eggs* könne als ironischer Kommentar dazu gelesen werden, ihre Arbeiten seien aber offen für Deutungswandel. Heute drängt sich hier das Thema der Flüchtlingskrise auf. Dass Vögel, die fliegen können, eingezwängt in Signaljacken und mit propellerhaften Kopfbedeckungen in einem mit Steinen beladenen Boot sitzen, ist mehrfach paradox, wie es die Arbeiten von Lemsalu auszeichnet. Die assoziierten Bilder von „Hühnern auf der Stange" und „weisen Eulen" stehen für zwei gegensätzliche Frauenklischees. Die Vögel haben außerdem zwei Gesichter, blicken vor und zurück, in Vergangenheit und Zukunft. Als die Arbeit 2013 in Reykjavik ausgestellt wurde, ersetzte Lemsalu selbst in gleicher Gestalt eines der Hühner, regungslos für mehrere Stunden ausharrend.

Es sind seltsame Momente, die als bleibende Eindrücke in die Werke von Lemsalu eingehen. Sie verknüpfen sich im Unbewussten mit ihren eigenen persönlichen Schicksalsschlägen und universellen Themen, bis komplexe visuelle Bilder ins Bewusstsein treten. So formt sich die Arbeit aus dem, was der Künstlerin an gesammelten Dingen, Fähigkeiten und Erfahrungen zur Verfügung steht. Erst dann, erklärt Lemsalu, kommt die Reflexion: „Was ist mit mir passiert? Was ist mit der Welt passiert?" Hinter *Fine with Afterlife* (2015) steckt die zufällige Begebenheit während einer ihrer vielen Reisen. In einem New Yorker Park hörte sie einen Drogenabhängigen am Handy über Geld und Religion sprechen. Dass er einem Dealer Geld schuldete, kommentierte er mit „I'm fine with afterlife". Aus einem religionslosen Umfeld stammend, war Lemsalu fasziniert davon, wie der Glaube an ein Leben im Jenseits die Angst vor dem Tod abschwächen kann. Die mumienhafte Gestalt mit verschränkten Armen aus Keramik formt ihren eigenen Körper nach. Im Mund des Paviankopfes steckt der Schlägel des um die Hüfte gelegten Xylophons. Die anfänglich auf einer Yogamatte, nun in schwebender Leichtigkeit in einer Hängematte liegende Figur ist mit Blumen verziert. Dieses „ironic celebratory self-portrait" erinnert an Paul Theks Environment *The Thomb* (1967), dessen zentrale Figur auf den Körperabguss des Künstlers zurückgeht. Mit langen Haaren und giftschwarzer Zunge ist bei Thek das ansonsten blassrosa gehaltene Selbstportrait im Anzug in einem gleichfarbenen Zikkurat aufgebahrt. Die abgetrennten Finger der rechten Hand dienen als Opfer für das Jenseits und sind wie Kelche, Opferschalen, persönliche Briefe und eine von Theks Reliquienarbeiten in der ersten Präsentation in New York 1967 um den Körper herum drapiert. Auch in die Arbeit von Lemsalu flossen verschiedene Kulte um den metamorphotischen Übergang in ein Leben nach dem Tod ein: mumifizierte Tiere als Beigabe für die Grabstätte, Blumenschmuck für auf dem Wasser bestatte Verstorbene, aus toten Körpern gefertigte Musikinstrumente.

Die Protagonisten in Lemsalus Werken sind hybride Wesen, sie bewegen sich zwischen den Geschlechtern wie zwischen Mensch und Tier – in ihrem Aussehen wie in ihren Verhaltensweisen. Seit ihrem fünfzehnten Lebensjahr gestaltet die Künstlerin Kostüme und verwandelt sich in Tiere. In dieser Metamorphose fühle sie sich komfortabler und sicherer. Die Kommunikation zwischen den Menschen empfindet sie oft als verquer, die der Tiere sei direkter und wahrer. Universale Symboliken durchdringen sich in Lemsalus Werk mit einer „individuellen Mythologie" (Harald Szeemann), die sich aus persönlichen Erfahrungen speist. Diese bestehen aus bizarren Momenten, in denen sich Realistisches mit Unwahrscheinlichem untrennbar vermischt. So floss in die Manga-Arbeit auch eine Zugfahrt durch Tokio ein. Auf einem halbleeren Parkplatz meinte die Künstlerin im Vorbeifahren einen Mann ohne Hände stehen zu sehen. Ein surrealer Augenblick.

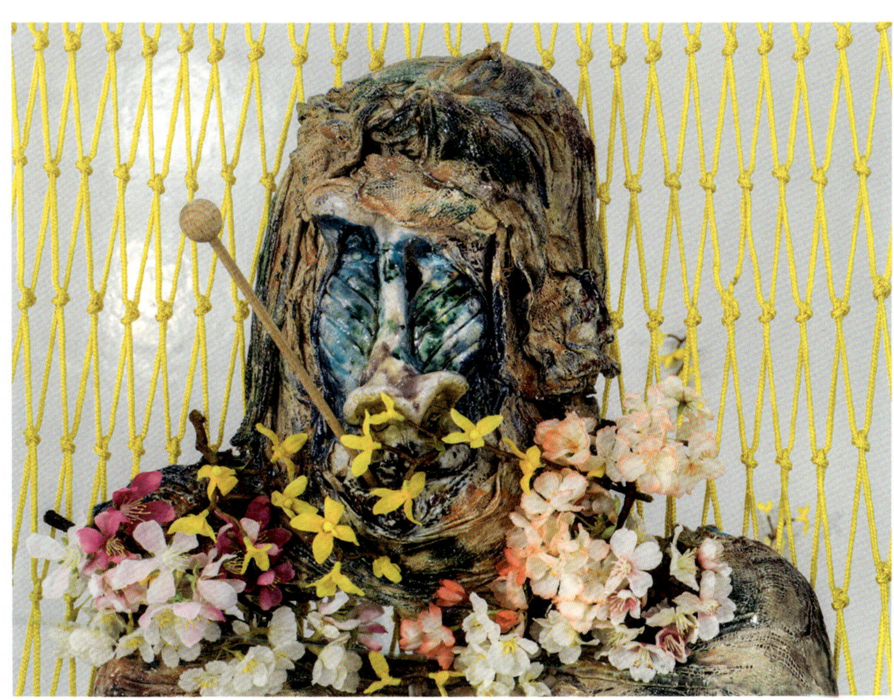

Kris Lemsalu
Fine with Afterlife
2015 (Detail)

Kris Lemsalu

Metamorphoses between Dream and Trauma
Cora Waschke

Protruding from underneath a massive giant turtle shell made of lightly colored ceramic on top of a blue waterbed are arms, legs, and a hank of hair. Finger- and toenails are painted red. The shell is decorated with colored glass stones, as if strung on a necklace. Looking like skyscrapers, towers of empty and full egg cartons surround the bed; on top of the cartons lie piles of small turtle shells. A ceramic tiger reclines in front of this scene. Aside from a few slight movements of its limbs, the human-turtle creature remains motionless for one, two, three hours. It takes several men to lift the gigantic shell at the end of the performance. A delicate young woman emerges.

After exhibiting mainly in her hometown Tallinn, in Vienna, Prague, and Berlin, Estonian artist Kris Lemsalu gained a wider audience through her performance at the Frieze Art Fair in New York in 2015. *Whole alone 2* captivates with its tension between beauty and oppression, as well as with the minimalism of the actual performance, and its mysterious and ambiguous qualities.

Artemis Ephesia
Ephesos-Museum,
Selçuk, Türkei / Turkey
undatiert / not dated

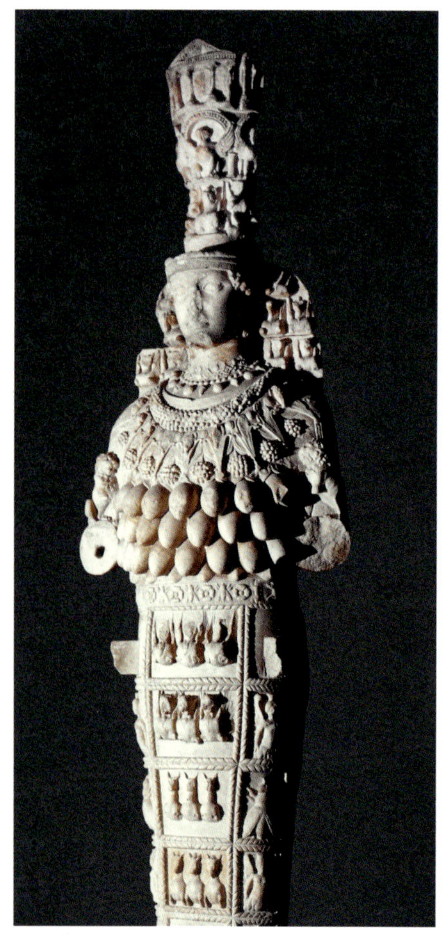

Turtles come ashore to lay their eggs. Once they've begun, they can't stop until the last egg has been deposited in a sandy hole. During that period of time, they are at the mercy of poachers. Nowadays, animal welfare activists keep watch over the enormous creatures while they lay their eggs; they make sure that the eggs hatch in a safe place, so that the baby turtles can find their way into the water, where they are safe. In this context, the tiger could represent both a threat as well as a sentinel. But what is it guarding? Do the egg cartons hint at an orderly process of making an animal product for mass consumption? Before life can emerge from them, eggs are eaten. Regardless of our dietary habits, the egg symbolizes the eternal cycle of life and death. Here, the female body is a kind of medium for passing through this cyclical transformation. The woman in the performance seems to be literally burdened and oppressed by this destiny, represented by the shell. She cannot free herself from the situation she has put herself in. So she lies there very quietly, perhaps surrendering to fate, perhaps delighted to be able to participate with generous consent in this process of giving, flourishing, and vanishing. In Buddhism it is up to humans to free themselves from the metamorphic wheel of life, the cycle of "suffering reincarnation." The artist provides a Buddhist analogy to illustrate how difficult it is to be born a human: "It is more likely for a turtle to accidentally poke its head through a necklace that has been thrown into a vast sea." Being born human is considered a stroke of luck. But, because Lemsalu's turtle shell is covered in "gems", a human can be (re)born. The animal, however, dies—that is, if we're following the novel *À rebours* (1884) by Joris-Karl Huysmans. There, the main character buys a giant turtle to ornament his carpet. To make it aesthetically match the interior of his home, he decorates it with gold and gems, which wind up killing it. In the novel, as in life, the human perishes—just as the animal does—for his "life-destroying desire for style."

The themes of birth and fertility are often found in Lemsalu's work, especially in her performances and staged, photographic self-portraits.

In the performance *Birth of Venus* (2010) the performer, who is draped with exorbitant female sexual characteristics made of stuffed pantyhose reminds one of the *Venus of Willendorf*. Reclining, she gives birth to a white balloon that is being filled with gas. It gets bigger and bigger, until it finally bursts. The birth, blooming life, ends with a loud bang in the nothingness of death. Lemsalu responds to her own questions—What does it mean being a woman in art? What are the challenges?—with an extreme display of femininity. The photograph *Portrait with Tits* (2013) shows the artist wearing a transparent body suit and plastic gloves blown up to resemble cow udders over her heavily made-up face. Several mock-ups of breasts protrude through holes in the top half of the suit, while a bundle of chicken eggs dangles out of a hole in the pubic area. In a feminist offensive against men's pornographic depictions of the female body, which takes the form of a self-determined, self-confident demonstration of one's own sexuality, pop culture and the art world intersect. Starting with Madonna, similarly designed collections of artificial breasts are used today as costumes, installations, or seating by the singer Peaches, or the Young British artist Sarah Lucas in works such as *Nice Tits* (2011) or *MumMum* (2012). Such objects as the ancient figure of the *Ephesian Artemis*, goddess of the hunt and protector of women and children, show that the exposition of female symbols of fertility is as old as art itself. The top half of the *Ephesian Artemis's* body is covered in breast-like shapes that have also been identified as bull testicles. The ambiguity of the attributes that determine her gender, as well as the cross between human and animal, are also found in Lemsalu's *Portrait with Tits*, because the eggs also hang like testicles outside of the body.

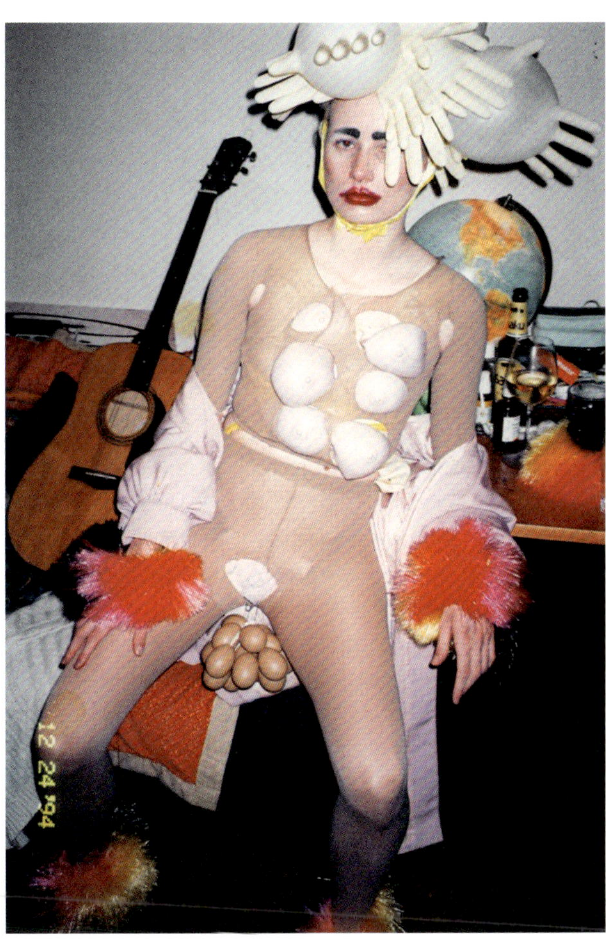

Kris Lemsalu
Portrait with Tits
2013

Kris Lemsalu

The endangerment of creatures—in Lemsalu's oeuvre, humans and animals attempt to live together in a cruel world—is a topic that runs throughout the artist's oeuvre. Despite the seriousness of the theme, however, her methods of depicting it are evidence that she has a good helping of gallows humor. The woman stretching out all four of her limbs looks as if she's been slain in a slapstick way by the turtle shell. Her self-presentation in a casual arrangement that features exaggerated depictions of various sexual characteristics and clichés about femininity resembles a carnivalesque party gag. Likewise, the stuffed manga creatures wearing droopy girls' underpants in the installation *Cool Girls without Hands* (2016) look comically absurd at first glance. On a halfpipe, long-legged figures with shaggy fur limbs and ceramic heads, wearing shoes on their feet and socks on the stumps of their arms, are arranged on skateboards. They skate, fall, and pose. Their heads, with their exaggeratedly large eyes, button noses, and hair in cute bows, come from the manga world, where erotic child-women reflect the fantasies of Japanese men. In this interaction, the ruffled panties remind one of the practice of selling unwashed girls' undergarments, which was first heard of in Japan. The idea for this piece came from Lemsalu's impressions of her sojourn there. Defiantly parodying the nonchalant skater cult mostly made up of young male adolescents, the cool girls seem to be making fun of men's strange demand for their supposedly naïve childishness.

The ceramic components of Lemsalu's works of art are distinguished by the way they precisely reproduce the shape and appearance of objects, the result of a process the artist developed. Before completing her degree in sculpture in Vienna, Lemsalu studied ceramics in Estonia and Denmark. She first combined ceramic elements and everyday objects in *Wisdom and Eggs* (2011). This piece consists of four figures with ceramic owl and chicken heads, dressed in neon-yellow safety jackets and sitting in a red rubber raft weighted with bricks. On their heads are little umbrellas of the same color and material, which recall the hats worn by Chinese rice farmers. The artist mentions that she read an article about the decline of the Chinese economy before she started working on the piece. *Wisdom and Eggs* can be understood as an ironic comment on that, but her works are open to interpretation. Today, the theme of the refugee crisis is possibly forcing its way in. The idea of portraying birds that can fly in confining safety jackets, while wearing propeller-like headgear and sitting in a boat weighed down with stones is paradoxical several times over, which is a characteristic feature of Lemaslu's work. Just as "roosting chickens" and "wise owls" embody two contrary female roles, these figures also have two faces and can look backward and forward, into the past and the future. When the piece was exhibited in Reykjavik in 2013, Lemsalu herself wore the same kind of costume and replaced one of the owls, sitting motionless in the boat for several hours.

Odd moments that make lasting impressions are part of Lemsalu's art. In her subconscious she links them with her own personal strokes of fate, as well as with universal themes, until complex visual images appear in her conscious mind. In this way, a work of art is formed out of the things, abilities, and experiences that are available to the artist. Only then, as Lemsalu explains, does she reflect: "What happened to me? What happened to the world?" *Fine with Afterlife* (2015) conceals an incident from one of her many journeys. In a park in New York City, she happened to overhear a drug addict conversing on his cell phone about money and religion. Owing money to a dealer, he commented, "I'm fine with afterlife." Coming from a non-religious background, Lemsalu was fascinated by the notion that believing in an afterlife can weaken the fear of death. The ceramic, mummy-like figure with crossed arms is modeled after her own body. Inside the mouth of the baboon head is the mallet for a xylophone that is set up around the figure's hips. Ornamented with flowers, the figure, originally lying on a yoga mat, now floats lightly in a hammock. This "ironic, celebratory self-portrait" recalls Paul Thek's environment *The Thomb* (1967), whose central figure is based on a body cast of the artist. With long hair and a poisonously black tongue, the otherwise pale pink self-portrait in a suit is laid out in a ziggurat of the same color. When it was first presented in New York in 1967, the severed finger of the right hand was a sacrifice for the afterlife, and it joined other objects arranged around the body, such as goblets, offering cups, private letters, and one of Thek's reliquary works. In Lemsalu's work, too, various cults revolving around the metamorphic transition into life after death merge: mummified animals laid in the tomb, flowers for bodies buried at sea, musical instruments made out of dead bodies.

The protagonists in Lemsalu's works of art are hybrid creatures. In both appearance and behavior they shift from gender to gender, just as they shift from human to animal. The artist has been designing costumes and transforming herself into animals since she was fifteen. She feels more comfortable and safer in these metamorphoses. Often, she thinks that communication among people is weird; animals communicate more directly, more truthfully. Universal symbols permeate Lemsalu's work with what Harald Szeemann called an "individual mythology" that is nurtured by personal experience. This comprises bizarre moments, in which the realistic is inseparably combined with the improbable. For instance, a train ride she took through Tokyo slips into the manga work. As the train went by, the artist thought she saw a man without hands standing in a half-empty parking lot. A surreal moment.

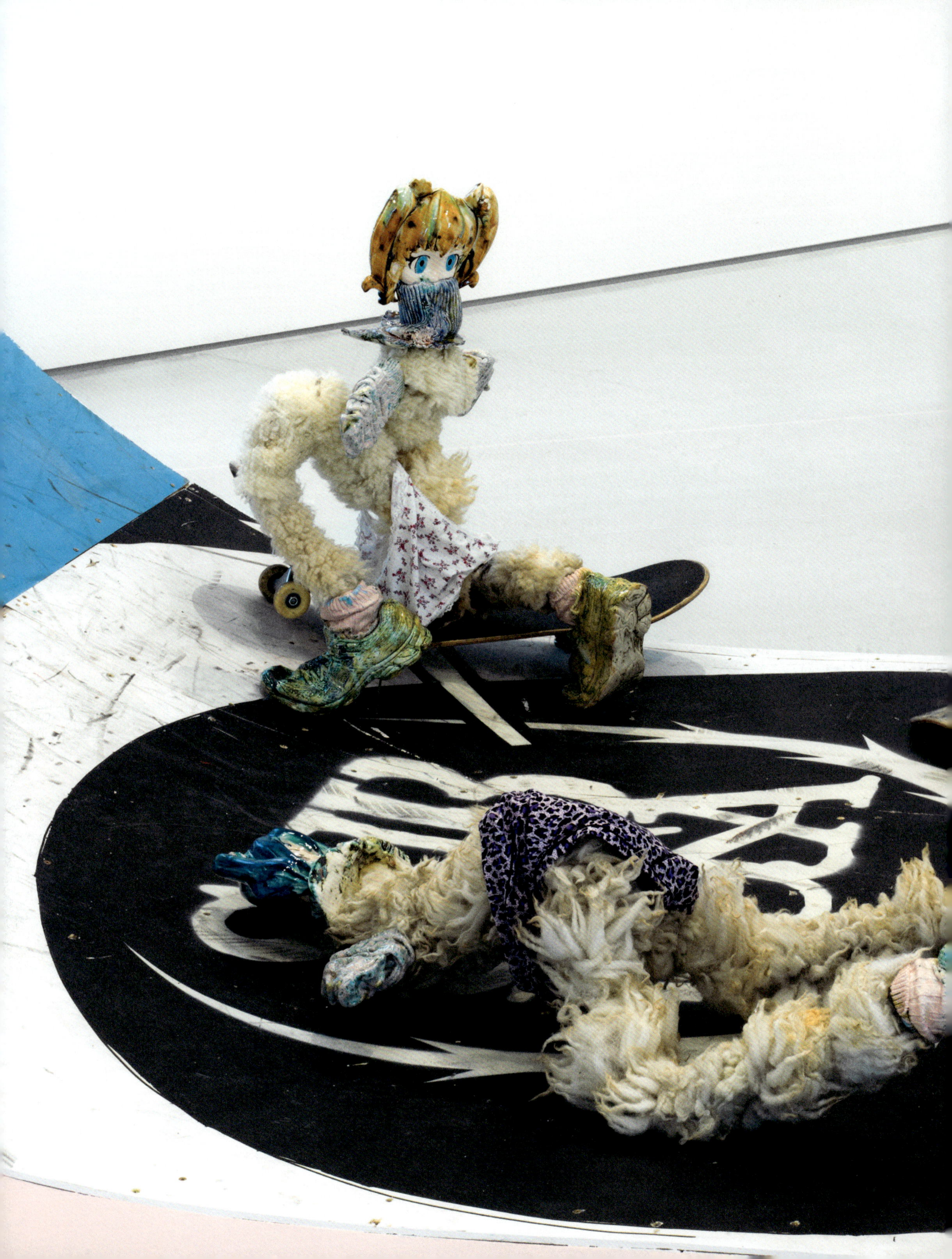

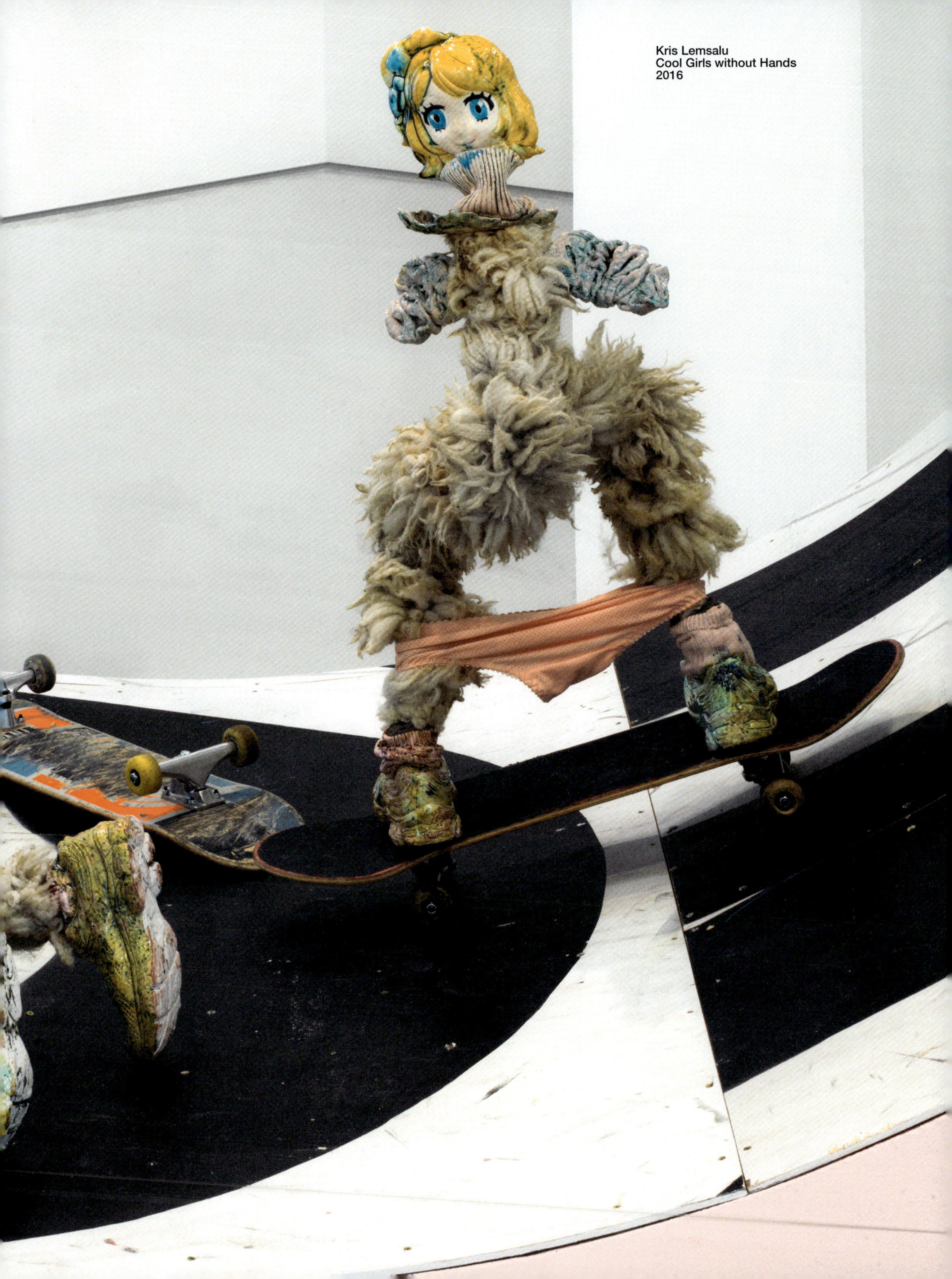

Kris Lemsalu
Cool Girls without Hands
2016

Kris Lemsalu
Wisdom and Eggs
2011

Ausstellungsansicht / exhibition view
KAI 10 & Detail

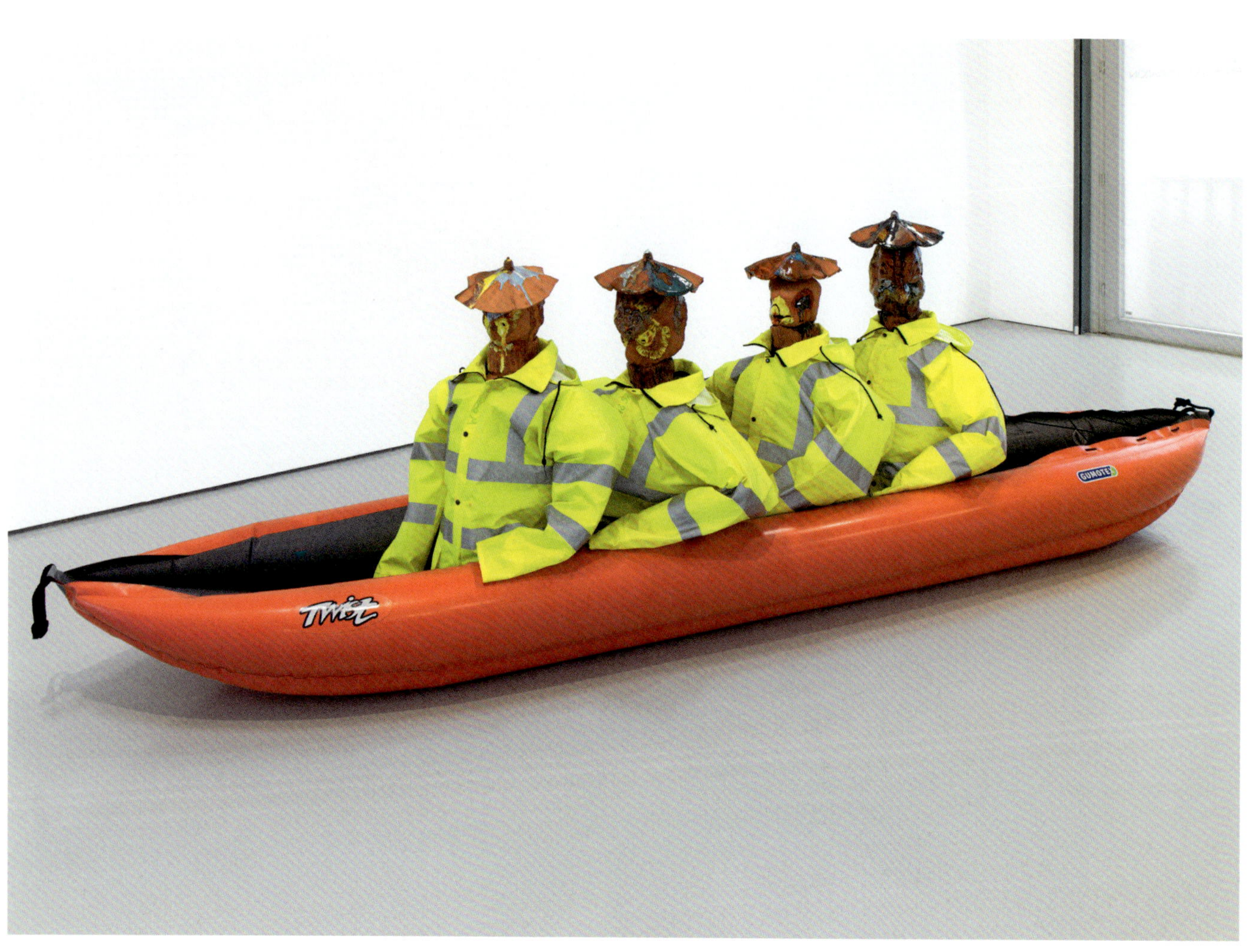

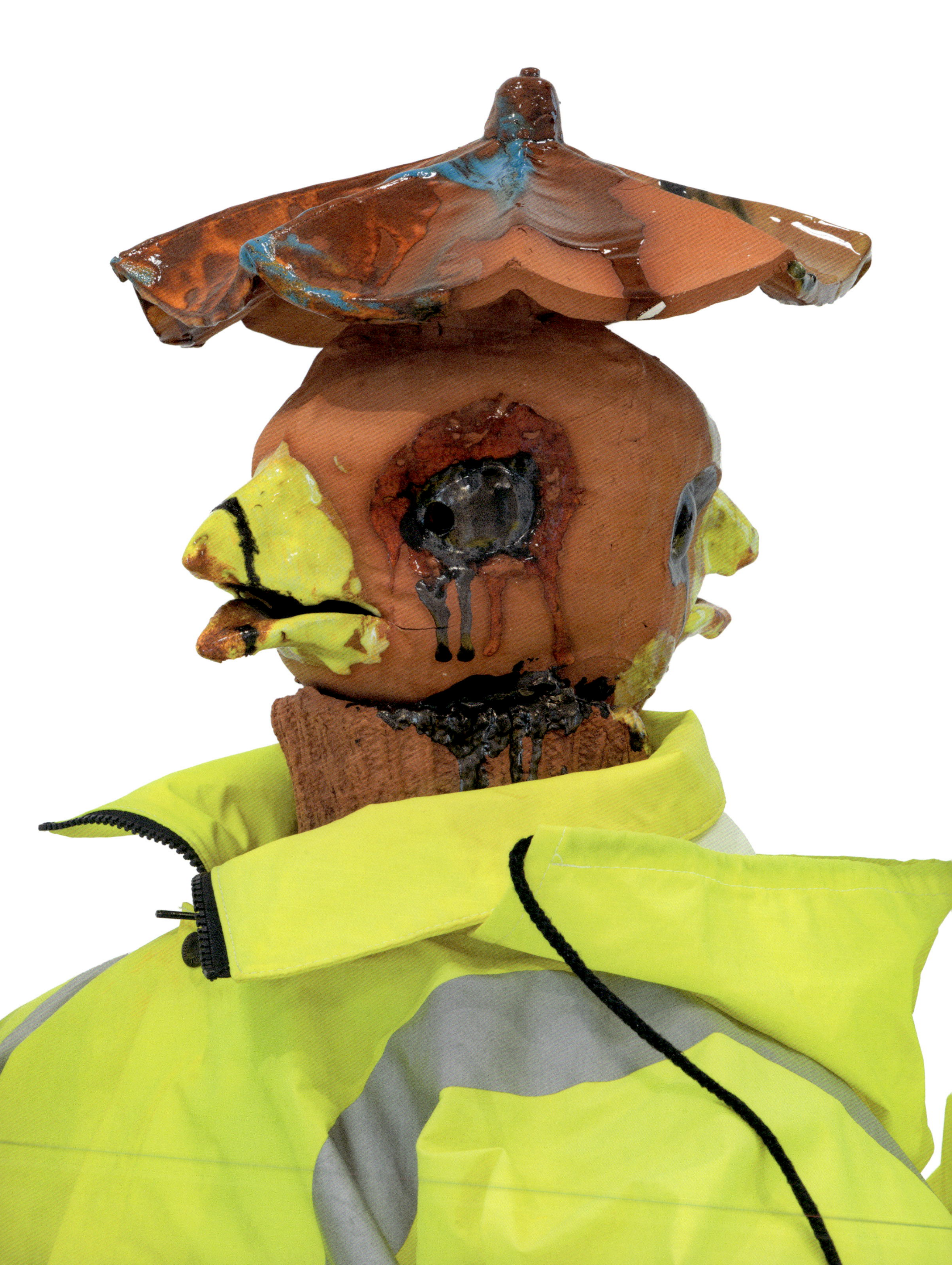

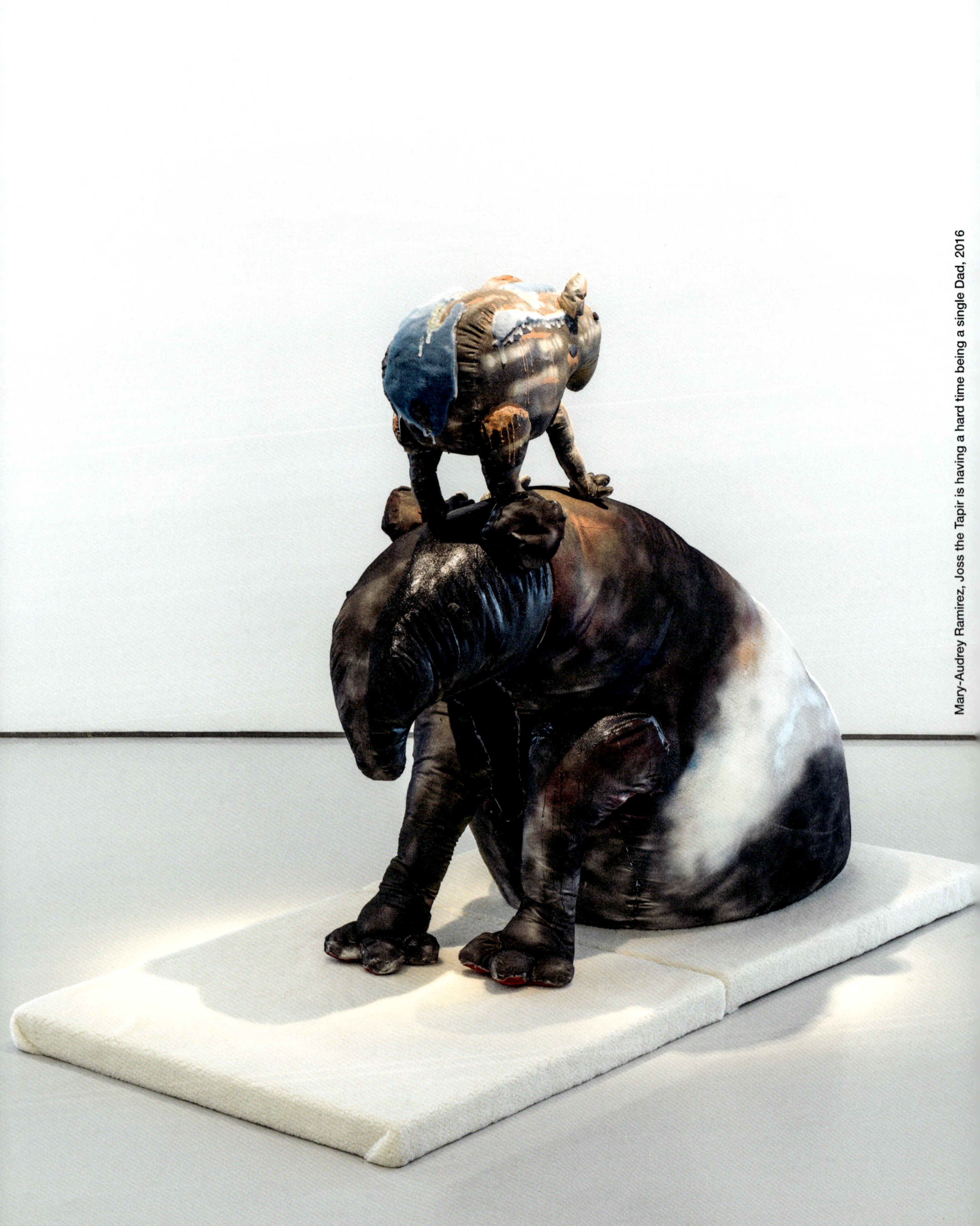

Mary-Audrey Ramirez, Joss the Tapir is having a hard time being a single Dad, 2016

Mary-Audrey Ramirez

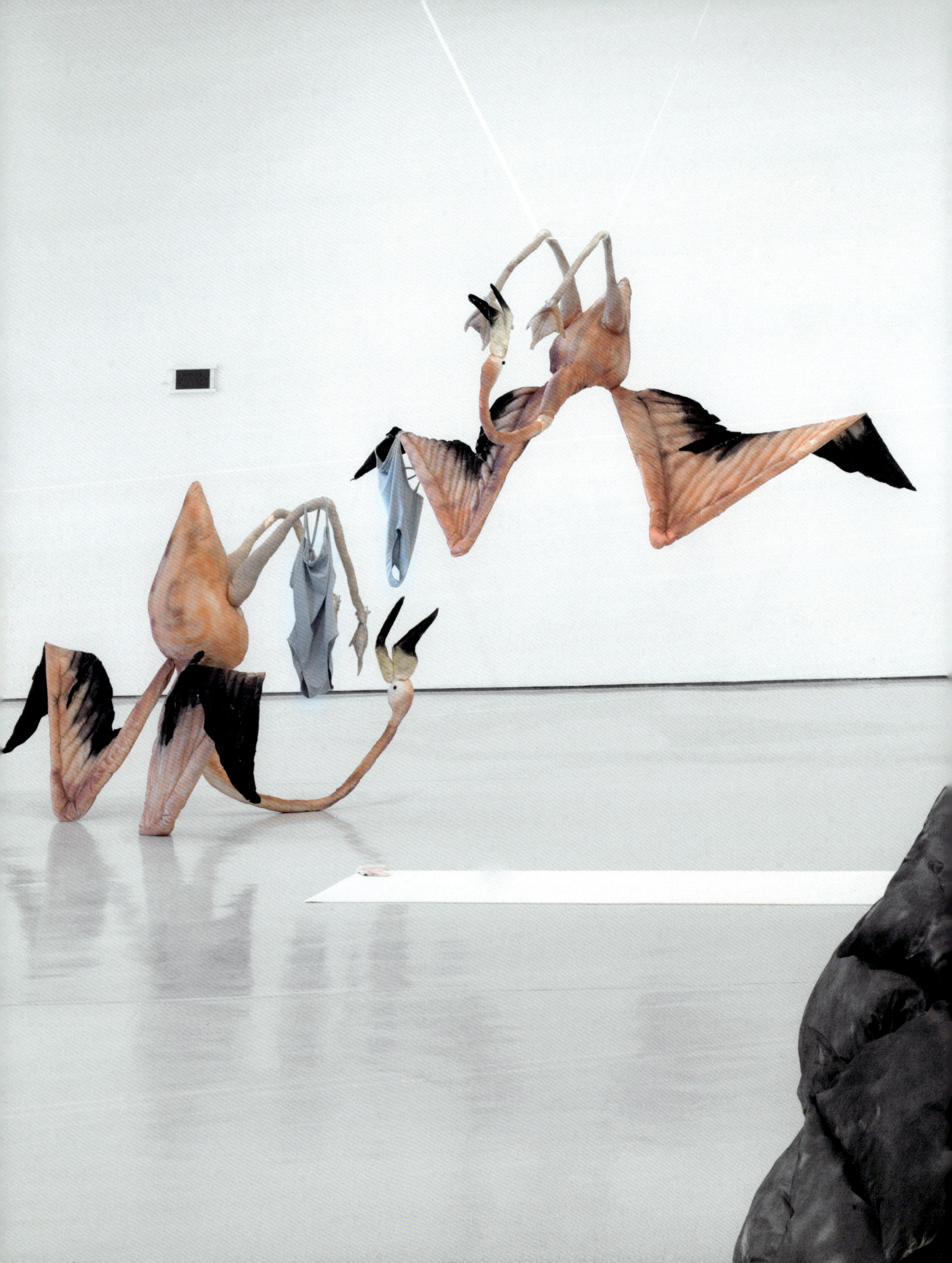

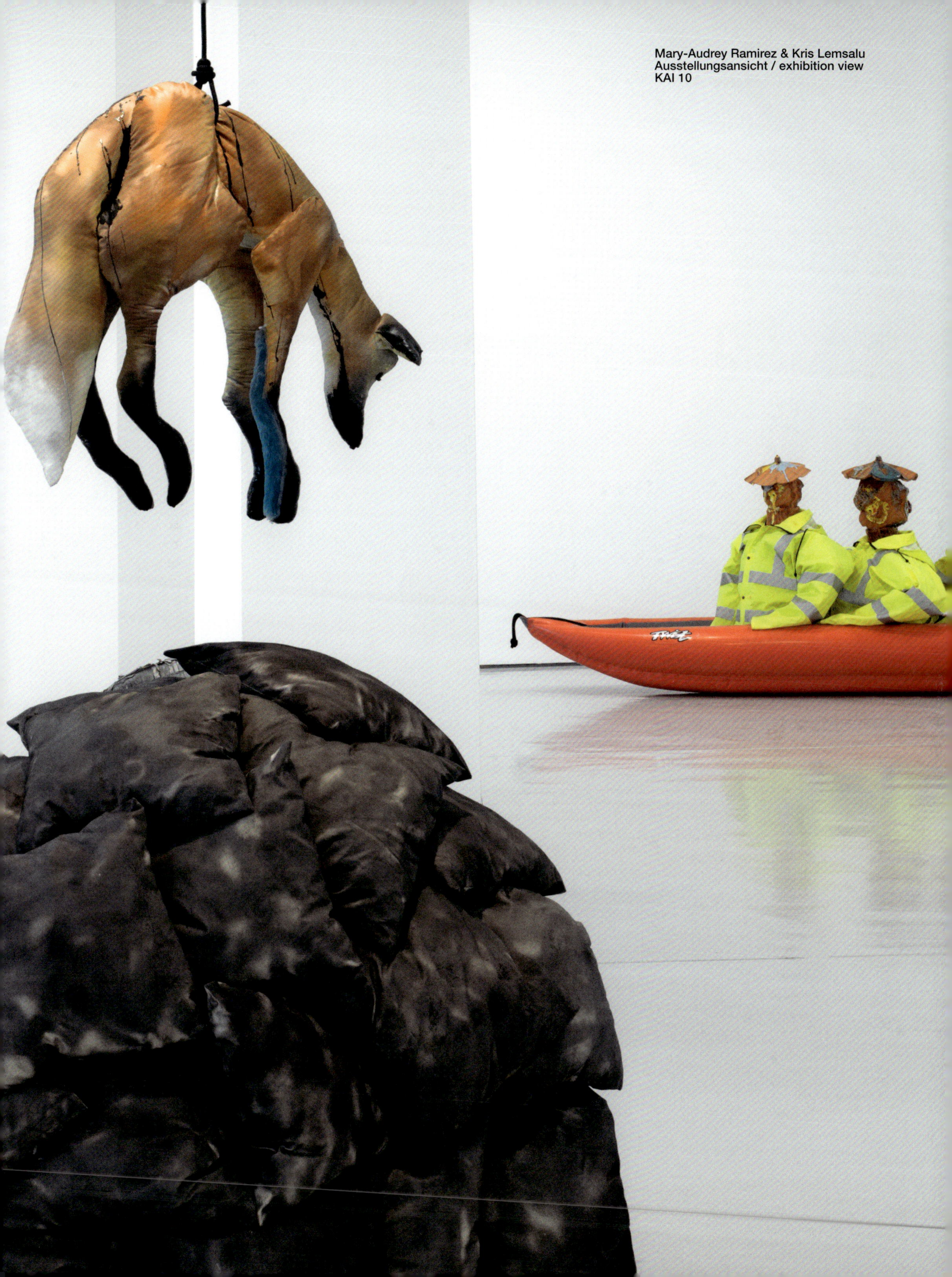

Mary-Audrey Ramirez & Kris Lemsalu
Ausstellungsansicht / exhibition view
KAI 10

In der Welt der Tiere
Zdenek Felix

Seit 2011 entwickelt die aus Luxemburg stammende, in Berlin lebende Künstlerin Mary-Audrey Ramirez eine besondere Technik für ihre Bilder. Mit Hilfe einer Nähmaschine schafft sie auf Baumwollstoffen lineare Gebilde, in welchen sich Tiere und Menschen begegnen und in rätselhaften Szenerien miteinander agieren. Wie in Comics ereignen sich hier humorvolle, aber auch tragische Begebenheiten: Pferde erscheinen im Supermarkt, Krokodile lauern Hasen auf, Affen feiern Orgien, böse Katzen attackieren Menschen, die untereinander in Streit geraten sind, und es fließt meist viel Blut. Die besondere Technik des Nähens erlaubt große Freiheit: Die Nadel arbeitet schnell, die schwarzen und farbigen Fäden bilden ein Netz von Konfigurationen, aus welchen heraus fast ohne Kontrolle überraschende Bildelemente entstehen. Für Mary-Audrey Ramirez sind diese Bilder Skizzen, die ihr als Reservoir von Motiven dienen und sich für spätere skulpturale Realisierungen eignen können. Es sind, wie sie es formuliert, provokative und zum Teil auch aggressive Werke, deren Sinn jedoch häufig mit Humor unterlegt ist. Einen wesentlichen Aspekt sieht die Künstlerin darin, dass diese unmittelbaren grafischen Aufzeichnungen für ihre Arbeit eine besondere Funktion haben. Das spontane Nähen jedenfalls bietet die Möglichkeit, einen dem Yoga verwandten Reinigungsprozess in die Wege zu leiten. Ramirez spricht in diesem Zusammenhang von „cerebral evacuation" (cerebrale Auslagerung), die es ihr erlaubt, den Kopf „frei zu halten" von Einflüssen des Tagesgeschehens und des Internets. Andererseits sind diese Bilder für sie „kind of waste created by what I feel and reflect on society", eine Art Rückkoppelung an die wie auch immer geartete Realität.

Mit den „genähten Bildern" entdeckte Mary-Audrey Ramirez für sich ein Themenfeld, aus dem sie bis heute schöpft und eine eigene Bildsprache entwickelt. Man könnte es mit dem Stichwort „humanisiertes Tier" bezeichnen, wenn nicht zugleich auch das Gegenteil, der Begriff „animalisierter Mensch" zutreffen würde. Besonders in ihren Skulpturen, die seit 2012 entstehen, kommt diese Dualität stark zum Ausdruck. Ob es sich dabei um die Eigenschaften der Tiere, ihre Stärke und Schwäche, ihre Schlauheit oder Dummheit, ihren Mut oder Entschiedenheit handelt, in all diesen Fällen haben die Menschen immer Vergleiche mit der eigenen Lebensweise und Psyche herangezogen und sich mit Tieren

Mary-Audrey Ramirez
FlamingoFight
2016

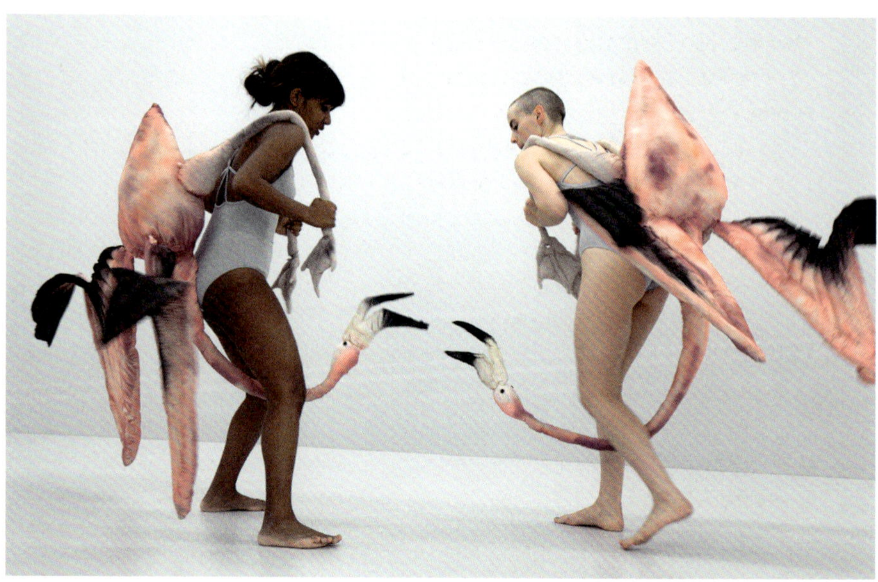

konfrontiert. Betrachtet man die literarische Tradition in Frankreich beispielsweise, wird man am ehesten bei den *Fabeln* von Jean de La Fontaine (1621–1695) anknüpfen wollen, wo in scharfsinnigen Vergleichen und auf humorvoll-ironische Art und Weise humane und animalische Eigenschaften und Schwächen wie Geiz, Eitelkeit und Machtstreben, in einen moralischen Kontext gesetzt, geschildert werden. In den plastischen Arbeiten von Mary-Audrey Ramirez geht es ebenfalls um Moral, allerdings im heutigen, der Tierwelt beistehenden Sinne. Der fortschreitenden Ausbeutung der Tiere durch den Menschen setzt sie ein natürliches, dem Charakter des Animalischen entsprechendes, bildhaftes Verständnis entgegen. Ihre „Tiere" leben in einer freien, selbstbestimmten Welt, in der sie sich entfalten, ihre Feinde und Widersacher jedoch auch bekämpfen können. Auch in dieser Welt gibt es wie in *Alice im Wunderland* Gefahren, Hindernisse, Feindschaften und machthungrige Bestrebungen. Das Überraschende und Phantastische haben hier ihren Platz, dem Bösen können Grenzen gesetzt werden, auch wenn dies nur vorübergehend ist.

Parallel zu den Bildern entstehen seit 2012 dreidimensionale Arbeiten, die man nach ihrem formalen Charakter in zwei Gruppen aufteilen kann. Zu der ersten gehören Objekte, die zur Benutzung bestimmt sind und als Bestandteile von Performances funktionieren. Diese können, wie beispielsweise das Wandobjekt *Erinnye/Furie* (2015) als „Zielscheibe" gebraucht werden, indem eine Person, um sich abzureagieren, mit den Fäusten auf sie einschlägt. Andere wie *Waterfall* (2016) oder *Tunnel* (2016), die an der Wand hängen, eignen sich wiederum als veränderbare Verstecke oder Fallen für die Körper der Benutzer.

Zu der zweiten Gruppe gehören Arbeiten, deren Thematik sich an den Übergängen zwischen dem Anthropomorphen und Animalischen orientiert. Ähnlich wie bei den „genähten Bildern" erfand Mary-Audrey Ramirez auch hier eine spezielle Technik, die es ihr erlaubt, den Tieren, die sie interessieren, auf raffinierte Art und Weise ein reales, wenngleich nicht naturalistisches Aussehen zu verleihen. Sie schafft zunächst Konstruktionen aus Draht, die mit Schaumstoff gefüllt und anschließend mit Stoff bezogen werden. Im letzten Schritt wird der Stoff bemalt und mit einigen Artefakten wie Kugelaugen und Ohren ergänzt. Die erstaunliche Lebendigkeit dieser Tiergestalten rührt daher, dass sie wirken, als seien sie mitten in der Bewegung, als setzten sie zum Sprung an oder breiteten gerade wie in *FlamingoFight* (2016) ihre Flügel aus. Dieser Zug entspricht durchaus den Zielsetzungen der Künstlerin, für die Tanz, Performance und Bewegung, wie beim Yoga ausgeführt wird, zu den entscheidenden Komponenten ihrer Kunst gehören.

Nicht zuletzt deshalb werden die Objekte/Skulpturen von Mary-Audrey Ramirez von Performances begleitet oder sind sogar für diese gedacht. Der Tanz als Inspiration kann auch „die Dämonen" vertreiben, d.h. psychische Barrieren und Albträume stören, mit welchen die Menschen, aber auch in für uns unbekanntem Ausmaß die Tiere zu kämpfen haben. Indem die Rollen ausgetauscht werden und die Akteure in Bewegung bleiben, gewinnen sie an Stärke und Orientierung. Deshalb auch liefert die Künstlerin mit den Skulpturen gleich die Trikots für die Akteurinnen und Akteure mit, um möglichst vom täglichen Ballast befreit, fast ohne Kleidung mit der Rolle des Tieres eins zu werden und das psychische Gleichgewicht zu erreichen. Dies kann geschehen, wenn der Mensch die artifiziellen Teile des tierischen Körpers verwendet, sich diese anlegt und sich mit ihnen tänzerisch im Raum bewegt. Aber auch da, wo die Menschen nicht aktiv sind, halten die Objekte von Mary-Audrey Ramirez an der Bewegung fest. In der Arbeit *Captured fleeing Hares* (2016) erscheinen fünf mit Seilen verbundene, im Kreis hintereinander laufende Hasen, wie Menschen dem unentrinnbaren Schicksal ausgeliefert – eine Erinnerung an die gefesselte Natur und ein Hilfeschrei zugleich.

In the Animal World
Zdenek Felix

Since 2011 Luxembourg-born, Berlin-based artist Mary-Audrey Ramirez has been developing a special technique for her pictures. Using a sewing machine, she creates linear images on cotton, which depict animals and people encountering each other and interacting in mysterious scenes. Similar to comics, humorous and tragic events occur: horses appear in supermarkets, crocodiles ambush hares, apes have orgies, evil cats attack people who are fighting, and, in general, a lot of blood flows. Sewing is a special technique that allows for a great deal of freedom: the needle works quickly; the black and colored threads form a network of configurations out of which arise surprising pictorial elements, in a nearly uncontrolled way. For Mary-Audrey Ramirez these pictures are studies that serve as a reservoir of motifs and can be turned into sculptures later. They are, as she says, provocative and somewhat aggressive works of art whose meaning, however, is often underscored with humor. The artist thinks that one of the essential aspects of these straightforward graphic images is that they have a special function in her work. At any rate, spontaneous sewing offers an opportunity to start a purification process similar to yoga. In this context Ramirez speaks of "cerebral evacuation," which makes it possible for her to "keep her mind free" from the influences of daily events and of the Internet. On the other hand, for her, these pictures are a "kind of waste created by what I feel and reflect on society," a kind of feedback from reality of any kind.

In the "sewn pictures" Ramirez discovered a field of themes that she continues to use to this day. Through them, she has developed a visual vocabulary of her own. It could be described by the phrase "humanized animal," as well as the exact opposite—the term "animalized human" would also be appropriate. This duality is particularly strongly expressed in the sculptures. Regardless of whether it is about the characteristics of the

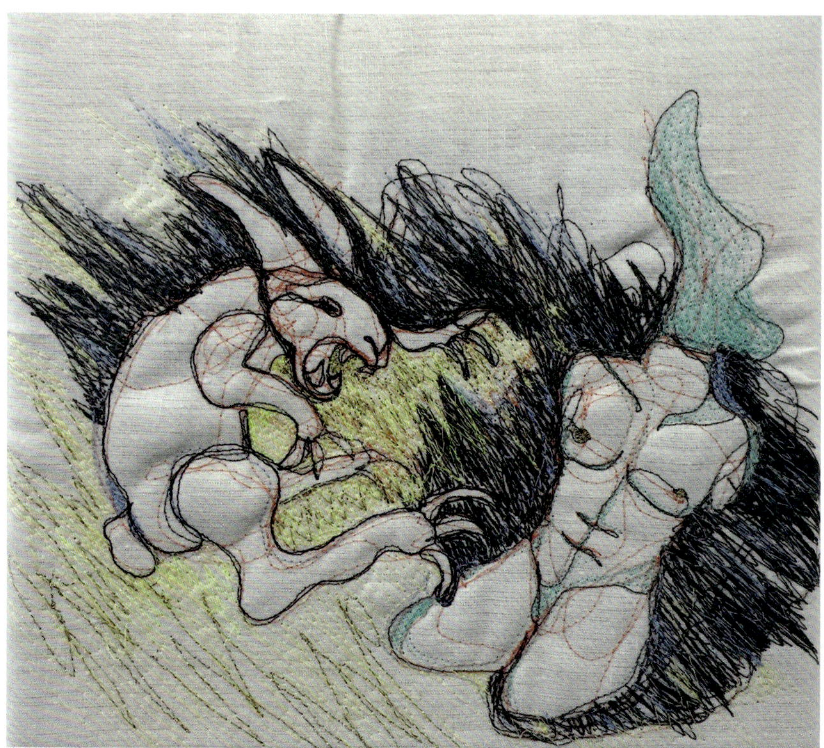

Mary-Audrey Ramirez
Pissed Rabbit
2015

animals—their strength and weaknesses, cleverness or stupidity, courage or determination—in every case people have always compared themselves to animals, in terms of lifestyles and psyches. If, for instance, we look at the French literary tradition, the best allusion might be to Jean de La Fontaine's (1621–1695) *Fables.* In them, human and animal traits and weaknesses, such as greed, vanity, and a thirst for power, are set in a moral context and described in astute comparisons in a humorous, ironic way. Ramirez's sculptures also deal with morals, but from a contemporary perspective that supports the animal world. She contrasts humans' continuing exploitation of animals with a natural, visual understanding that is appropriate to the animal character. Her "animals" live in a free, self-determined world where they can unfold, yet they also struggle with enemies and adversaries. There are dangers, obstacles, enmities, and power-hungry ambitions in this world, just as there are in *Alice in Wonderland.* The surprising and the fantastical have their place here, while limitations can be placed upon evil, even if only temporarily.

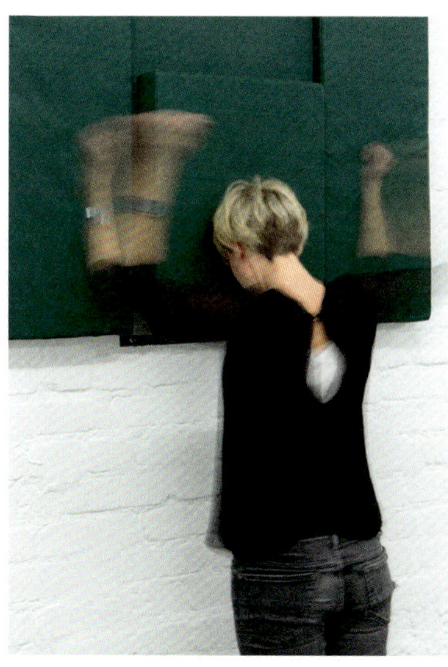

Mary-Audrey Ramirez
Erinnye/Furie
2015

Parallel to the pictures, Ramirez has been producing three-dimensional works of art since 2013. These can be divided in two groups, according to their formal characteristics. The first group comprises functional objects that can be used as elements in performances. Like the wall-object *Erinnye/ Furie* (2015), these act as "targets," which a person can punch, in order to work off steam. Others, such as *Waterfall* (2016) or *Tunnel* (2016), which also hang on the wall, can be used as variable hideaways or traps for the user's body.

The second group consists of works whose themes are based on the transitions between the anthropomorphic and the animalistic. As she did for the "sewn pictures," Mary-Audrey Ramirez invented a special technique that allows her to skillfully lend the animals she finds interesting a genuine, if not entirely natural, appearance. First she builds structures out of wire, which she fills with plastic foam and then covers in fabric. In a final step, the fabric is painted, and a few items, such as button eyes and ears, are added. The astonishing vitality of these animal creatures is touching, because they look as if they are about to move, as if they are preparing to jump or spread their wings, as in *FlamingoFight* (2016). This movement is certainly in line with the artist's goals, as dance, performance, and movement are, like yoga, crucial components of her art.

Not least for this reason, Ramirez's objects/sculptures are accompanied by performances, or even planned for them. Inspiring dance can also drive away "the demons," meaning, it disturbs the mental barriers and nightmares that people (as well as animals, although to a degree unknown to us) have to struggle with. By switching roles and allowing the actors to remain in motion, they gain strength and orientation. This is also why, along with the sculptures, the artist provides jerseys for the actors. Almost without clothing, she wants them to be free of as much everyday ballast as possible, to become one with the role of the animal, and to achieve mental balance. This can occur when the human uses the artificial part of the animal body, puts it on and dances around the room with it. But, even when the humans are not active, Mary-Audrey Ramirez's objects adhere to movement. In her piece *Captured fleeing Hares* (2016) five hares, bound in ropes, run after each other in a circle, like people at the mercy of an inescapable fate—a recollection of nature in chains, and a cry for help, as well.

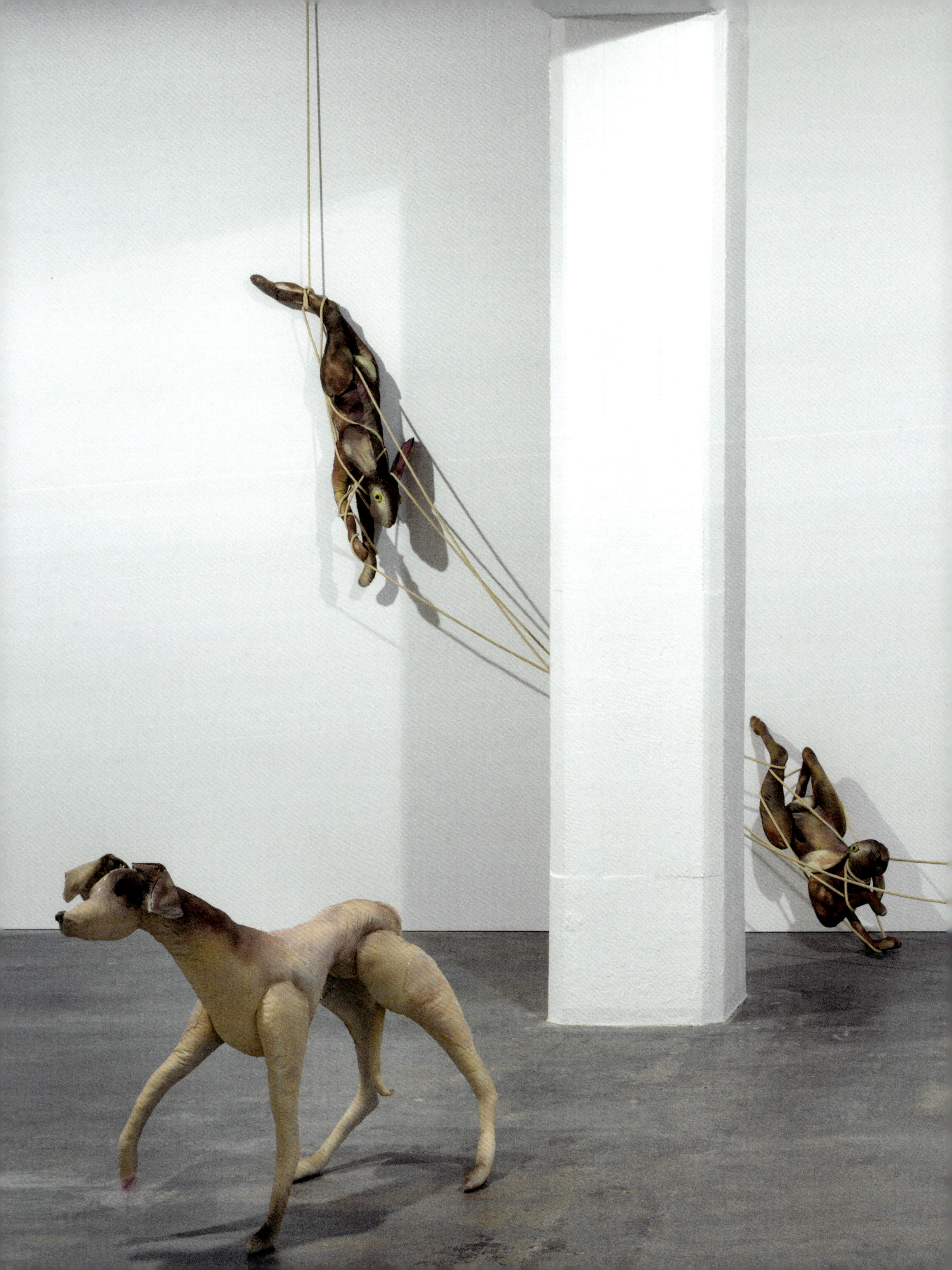

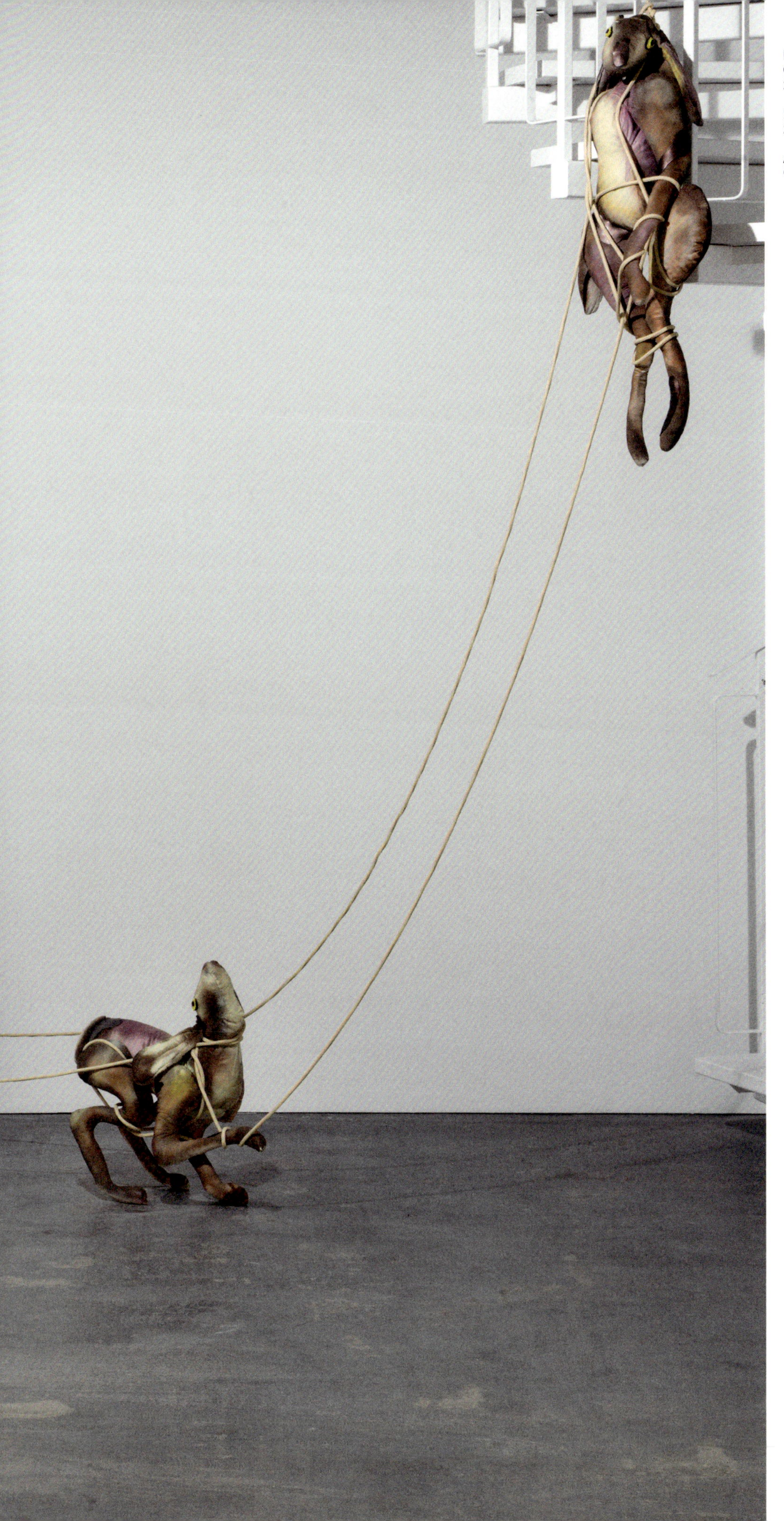

Mary-Audrey Ramirez
Captured fleeing Hares
2016

Hula Doggo
2017 (Detail)

Ausstellungsansicht / exhibition view
Galerie Guido W. Baudach, Berlin

Mary-Audrey Ramirez,
Kris Lemsalu & Habima Fuchs
Ausstellungsansicht / exhibition view
KAI 10

Sad Stingray & Stingray so so sad
2016 (Detail)

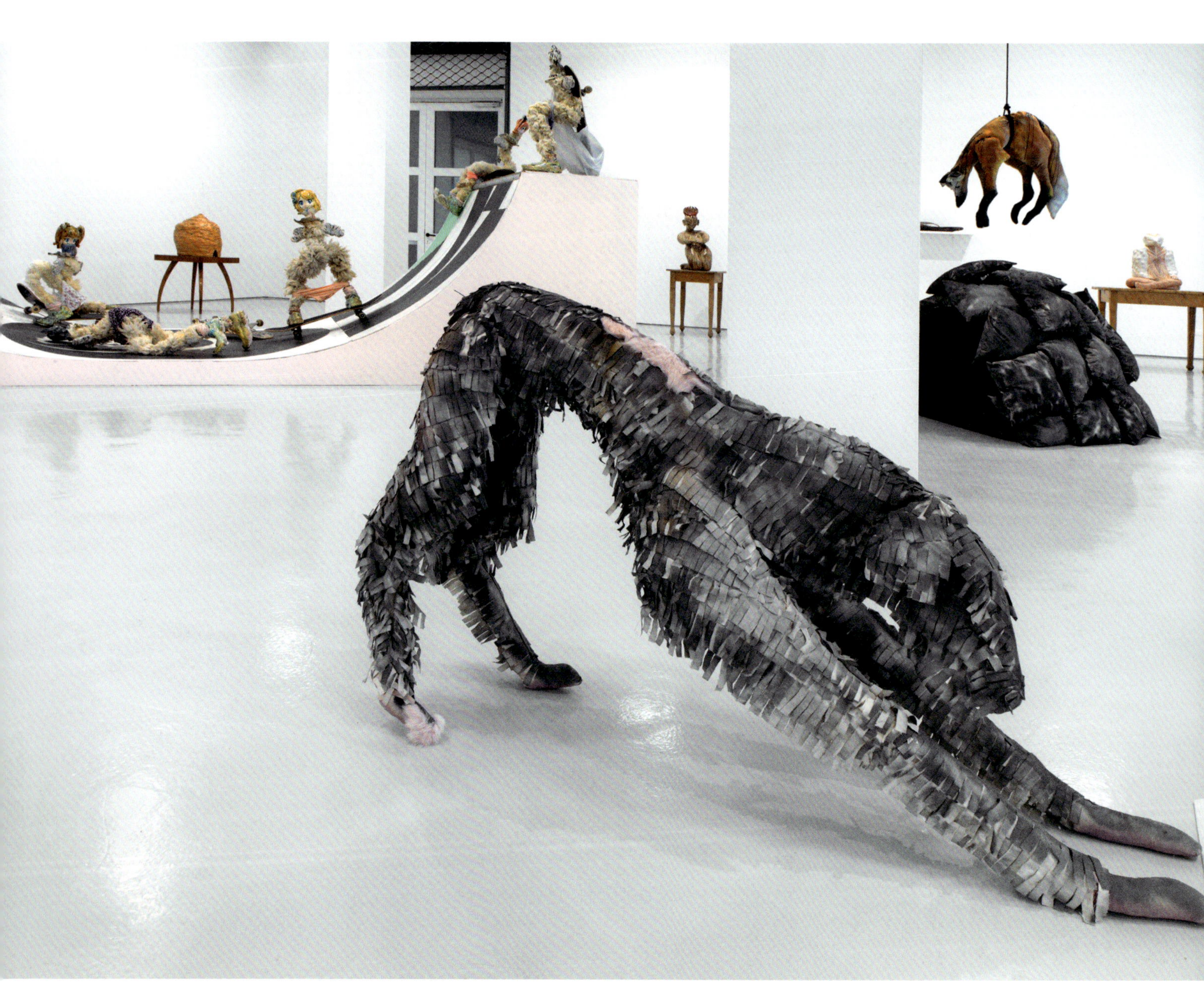

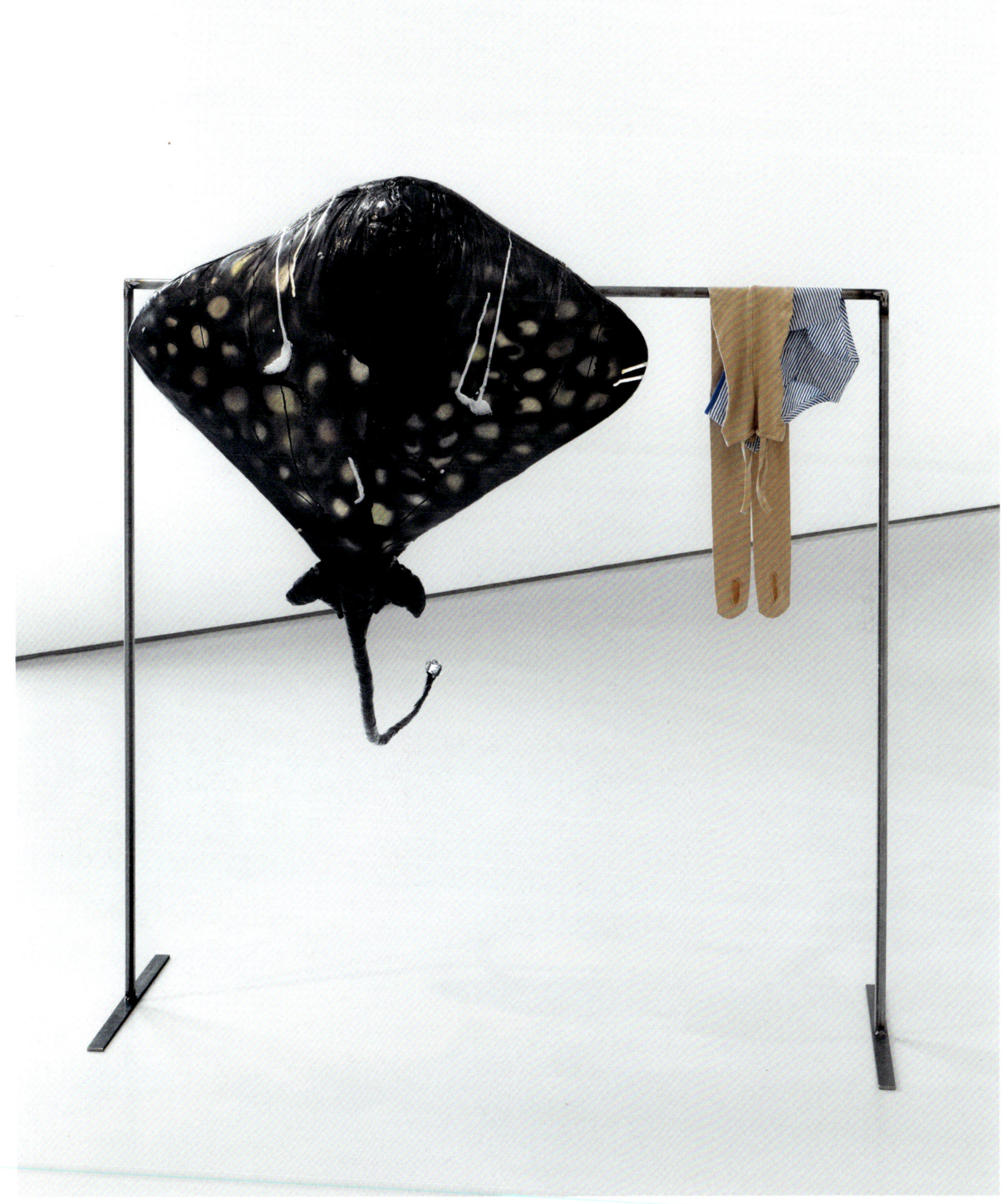

Werkliste
List of works

Habima Fuchs

S. / pp. 5, 16, 18, 80
Transformation (Abandon), 2012
Keramik / ceramic
76 × 44 × 55 cm
Courtesy die Künstlerin / the artist &
Gallery SVIT, Prag / Prague

S. / pp. 2, 5, 19, 21, 80
Transformations (Spiral of Hidden Things),
2012
Keramik / ceramic
57 × 45 × 34 cm
Courtesy Privatsammlung /
private collection

S. / pp. 19, 27
Quelle am Ziel, 2008
Keramik / ceramic
52 × 47 × 30 cm
Courtesy Privatsammlung /
private collection

S. / pp. 4, 26, 80
Beehive, 2010
Keramik / ceramic
50 × 50 × 45 cm; Tisch / table
66 × 65 × 65 cm
Courtesy Privatsammlung /
private collection

S. / pp. 5, 18, 23, 80
Eyes horizontal, nose vertical
(foster your eminent dance) / *Boat,* 2016
Keramik, Pflanze / ceramic, plant
15 × 83 × 19 cm
Courtesy Warhus Rittershaus, Köln /
Cologne

Thomas Helbig

S. / pp. 38, 39
Augen nützen hier sehr wenig, 2016/2017
verschiedene Materialien / mixed media
144 × 90 × 69 cm

S. / pp. 31, 39
Putte, 2016/2017
verschiedene Materialien / mixed media
167 × 40 × 47 cm

S. / pp. 30, 37
Sich selbst nichts, 2016/2017
verschiedene Materialien / mixed media
197 × 50 × 42 cm

S. / pp. 7, 36
Caligula Verstehen, 2016/2017
verschiedene Materialien / mixed media
183 × 52 × 68 cm

S. / p. 36
Schinkel, 2016/2017
verschiedene Materialien / mixed media
162 × 48 × 40 cm

S. / pp. 28, 30, 39
Opera, 2016/2017
verschiedene Materialien / mixed media
179 × 45 × 45 cm
Courtesy Privatsammlung /
private collection

S. / p. 38
Die Gefahr im Jazz, 2017
verschiedene Materialien / mixed media
149 × 55 × 34 cm

Wenn nicht anders angegeben / unless
otherwise stated:
Courtesy der Künstler / the artist &
Galerie Guido W. Baudach, Berlin

Renaud Jerez

S. / p. 51
Untitled (When Tania arrived at home), 2016
Metall, Gips, PVC Röhren, Stoff, Polyester
Schaumstoff, Spielzeug, Socke / metal,
plaster, PVC tubes, textiles, polyester foam,
toys, sock
205 × 68 × 60 cm

S. / pp. 43, 50
Untitled (When Tania arrived at home), 2016
Metall, Gips, PVC Röhren, Stoff, Keramik-
becher, Spielzeug / metal, plaster,
PVC tubes, textiles, ceramic cup, toy
210 × 80 × 60 cm

S. / pp. 40, 51
Untitled (When Tania arrived at home), 2016
Metall, Gips, PVC-Röhren, Stoff, Polyester
Schaumstoff, Spielzeug, Hausschuhe / metal,
plaster, PVC tubes, textiles, polyester foam,
toys, slippers
205 × 450 × 125 cm

S. / pp. 9, 53
Untitled, 2015
Stahl, PVC, Aluminium, Stoff, Gummi,
Holz, Fell / steel, PVC, aluminium, cotton,
rubber, wood, fur
190 × 75 × 95 cm
Courtesy Privatsammlung /
private collection

S. / p. 42
Untitled, 2016
Holz, Stoff, Polyester Schaumstoff /
wood, fabric, textiles, polyester foam
77 × 214 × 118 cm
Courtesy Privatsammlung /
private collection

Wenn nicht anders angegeben / unless
otherwise stated:
Courtesy der Künstler / the artist &
Galerie Crèvecœur, Paris

Kris Lemsalu

S. / pp. 4, 54, 66/67, 80
Cool Girls without Hands, 2016
Porzellan, Zement, Metall, bemaltes Schaffell, Stoff, Skateboards, Rampe / porcelain, cement, metal, painted sheepskin, textile, skateboards, ramp
248 × 605 × 200 cm

S. / pp. 68, 69, 73
Wisdom and Eggs, 2011
Keramik, Stoff, aufblasbares Boot, Ziegel, Holz-Unterkonstruktion, Styropor, Silikon / ceramic, textile, inflatable boat, bricks, wooden substructure, styrofoam, silicone
106 × 358 × 74 cm

Cover, S. / pp. 56/57, 61
Fine with Afterlife, 2015
Keramik, Kunstblumen, Xylophon, Hängematte / ceramic, artificial flowers, xylophone, hammock
105 × 317 × 74 cm

Alle Werke / all works:
Courtesy Privatsammlung / private collection

Mary-Audrey Ramirez

S. / pp. 5, 73, 80
Hanging Fox or sleep like a Badger, 2016
verschiedene Materialien / mixed media
Maße variabel / dimensions variable
Courtesy Privatsammlung / private collection

S. / pp. 4/5, 80
Thinking or hiding with Alonzo, 2016
verschiedene Materialien / mixed media
81 × 298 × 70 cm

S. / pp. 4/5, 72, 74
FlamingoFight, 2016
verschiedene Materialien / mixed media
Maße variabel / dimensions variable

S. / p. 81
Sad Stingray & Stingray so so sad, 2016
verschiedene Materialien / mixed media
Maße variabel / dimensions variable

S. / p. 70
Joss the Tapir is having a hard time being a single Dad, 2016
verschiedene Materialien / mixed media
135 × 182 × 92 cm
Courtesy Privatsammlung / private collection

Wenn nicht anders angegeben / unless otherwise stated:
Courtesy die Künstlerin / the artist & Galerie Martinetz, Köln / Cologne

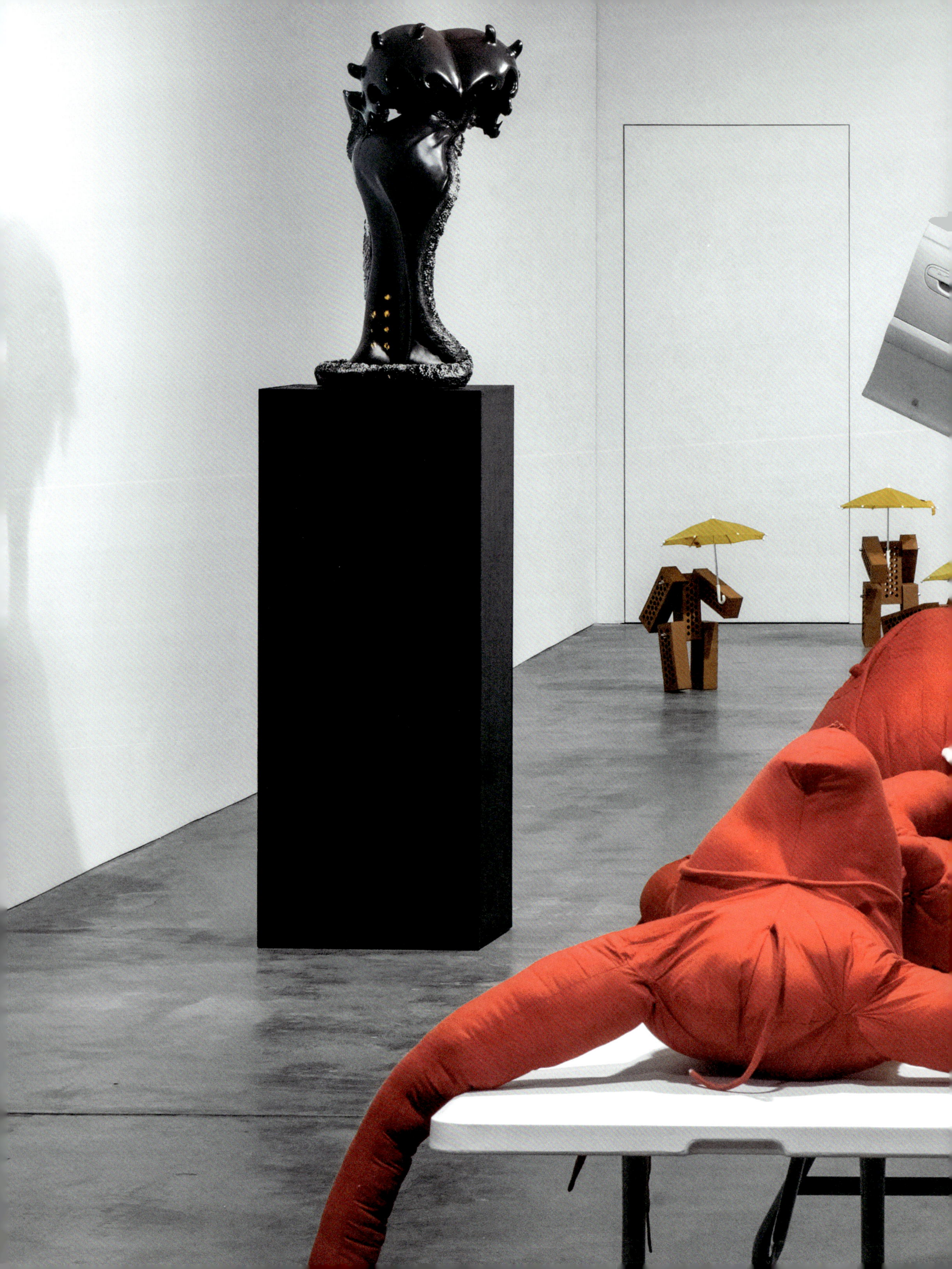

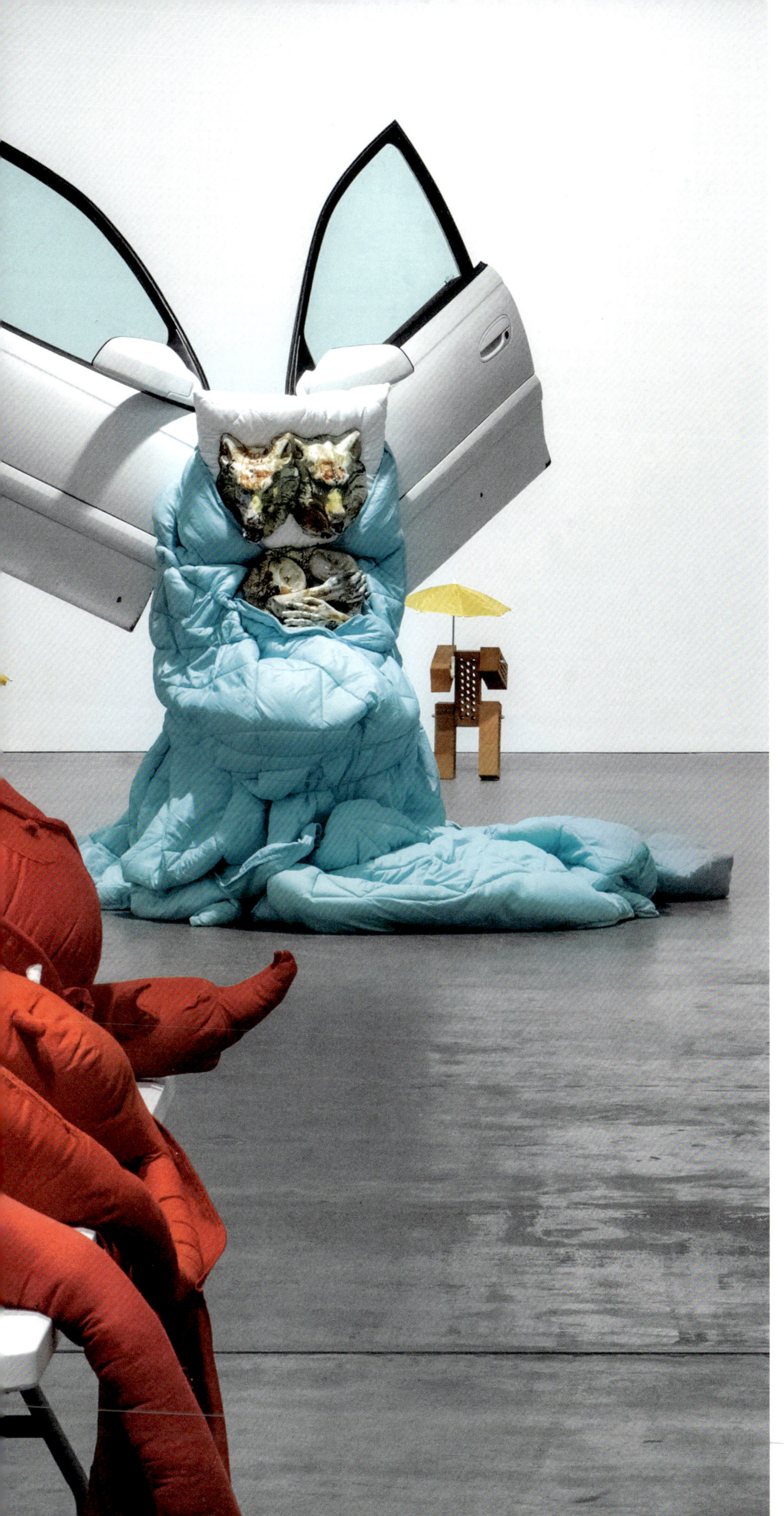

Thomas Helbig
Marquise
2016

Renaud Jerez
AA5
2015

Kris Lemsalu
Car2Go
2016

Ausstellungsansicht / exhibition view
Galerie Guido W. Baudach, Berlin

Künstlerbiografien
Artists' Biographies

Habima Fuchs

* 1977 als / as Astrid Sourkova in Ostrov, Tschechien / Czech Republic; lebt / lives in situ

Die tschechische Künstlerin Habima Fuchs war mit Installationen und Einzelwerken bereits in zahlreichen, internationalen Ausstellungen vertreten. Beteiligungen hatte sie beispielsweise in den institutionellen Gruppenausstellungen *Hundertsechzig Meisterzeichnungen* im Oldenburger Kunstverein und *Painting on the Roof* im Museum Abteiberg, Mönchengladbach (beide 2003) sowie in *DEAD_Lines* im Von der Heydt-Museum, Wuppertal (2011) und *Hot Time Tub Machine* in der Canada Gallery in New York (2012). In KAI 10 realisierte sie 2009 – noch unter dem Namen Astrid Sourkova – gemeinsam mit Markus Selg und unter Mitwirkung von Andrew Gilbert, Bernhard Lehner und Dominik Wood die vielbeachtete Gesamtinszenierung *Der Müde Tod*. Neben Galeriepräsentationen bei Warhus Rittershaus in Köln (zuletzt *Eyes Horizontal Nose Vertical [Foster the Eminent Dance],* 2016) und bei SVIT in Prag (zuletzt *Quality of Being,* 2014) wurde ihr Schaffen durch die Einzelausstellungen *Salt Sea Water Absorbed by Clouds Turns Sweet* in der Nationalen Kunstgalerie Zachęta in Warschau (2016) und *Physiologus – The Open Eyes of the Death Lion* bei Ten Haaf Project in Amsterdam (2011) gewürdigt. 2015 erhielt sie das Residenzstipendium des Fiorucci Art Trust in Stromboli und 2014 das des Banská St a nica Contemporary für einen Aufenthalt in Slowenien.

With her installations and singular pieces, Czech artist Habima Fuchs has been represented internationally in numerous exhibitions. She has participated in institutional group shows such as *Hundertsechzig Meisterzeichnungen* (One Hundred and Sixty Master Drawings) at the Oldenburger Kunstverein and *Painting on the Roof* at the Museum Abteiberg in Mönchengladbach (both 2003), as well as *DEAD_Lines* at the Von der Heydt-Museum, Wuppertal (2011) and *Hot Time Tub Machine* at the Canada Gallery in New York (2012). In 2009 Fuchs—still working under the name Astrid Sourkova—collaborated with Markus Selg to produce the notable presentation, *Der Müde Tod* (The Weary Death), at KAI 10, which also featured the work of Andrew Gilbert, Bernhard Lehner and Dominik Wood. Besides gallery shows at Warhus Rittershaus in Cologne (most recently, *Eyes Horizontal Nose Vertical [Foster the Eminent Dance]*, 2016) and at SVIT in Prague (*Quality of Being*, 2014), her work has also been honored in institutional solo shows, *Salt Sea Water Absorbed by Clouds Turns Sweet* at the Zachęta National Art Gallery in Warsaw (2016) and *Physiologus – The Open Eyes of the Death Lion* at Ten Haaf Project in Amsterdam (2011). In 2015 she received a residency grant from the Fiorucci Art Trust in Stromboli and in 2014 a grant from Banská St a nica Contemporary for a residency in Slovenia.

Thomas Helbig

* 1967 in Rosenheim, Deutschland / Germany; lebt / lives in Berlin

Der deutsche Maler, Zeichner und Bildhauer Thomas Helbig studierte von 1989 bis 1996 an der Akademie der Bildenden Künste München und am Goldsmiths College in London. Seine Werke wurden bereits in zahlreichen internationalen Gruppenausstellungen wie *Ein vages Gefühl des Unbehagens. Thomas Helbig – Victor Man – Helmut Stallaerts* im Museum Dhondt-Dhaenens, Deurle, Belgien (2013), *Gesamtkunstwerk: New Art from Germany* in der Saatchi Gallery in London (2011) und *Imagination Becomes Reality* im ZKM | Zentrum für Kunst und Medien in Karlsruhe (2007) präsentiert. In *NO ILLUSIONS*, der Eröffnungsausstellung von KAI 10 im Jahr 2008, war Helbig bereits mit Bildern und Skulpturen vertreten. *Stern der Musen* lautete der Titel seiner Einzelausstellung im Oldenburger Kunstverein 2008 und 2011 würdigte ihn der Kunstverein Heppenheim mit der Schau *Gehirne* (mit Armin Boehm). Seine jüngsten Galeriepräsentationen fanden in der Polansky Gallery in Prag (*The Presentation*, 2016), der Galleria Thomas Brambilla in Bergamo (*In a Present*, 2016), in der Galerie Guido W. Baudach in Berlin (*Morgenröthe*, 2015) sowie in der Galerie Rüdiger Schöttle in München (*The Mental Life of Savages*, 2013) statt.

From 1989 to 1996, German painter and sculptor Thomas Helbig studied at the Academy of Fine Arts Munich and at Goldsmiths College in London. His works have been presented in numerous international group exhibitions, such as *Ein vages Gefühl des Unbehagens. Thomas Helbig – Victor Man – Helmut Stallaerts* (A Vague Feeling of Discomfort. Thomas Helbig – Victor Man – Helmut Stallaerts) at the Museum Dhondt-Dhaenens in Deurle, Belgium (2013), *Gesamtkunstwerk: New Art from Germany at the Saatchi Gallery in London* (2011) and *Imagination becomes Reality* at the ZKM | Zentrum für Kunst und Medien in Karlsruhe (2007). Helbig's work has also been featured in *NO ILLUSIONS*, the inaugural show at KAI 10 in 2008. *Stern der Musen* (Star of Muses) was the title of his solo show at the Oldenburger Kunstverein in 2008 and the Kunstverein Heppenheim devoted an exhibit to him and Armin Boehm in 2011 (*Gehirne* [Brains]). His most recent gallery presentations were at Polansky Gallery in Prague (*The Presentation*, 2016), Galerie Thomas Brambilla in Bergamo (In a Present, 2016), Galerie Guido W. Baudach in Berlin (*Morgenröthe* [Dawn], 2015) and Galerie Rüdiger Schöttle in Munich (*The Mental Life of Savages*, 2013).

Renaud Jerez

* 1982 in Narbonne, Frankreich / France; lebt / lives in der Schweiz / Switzerland

Renaud Jerez beendete sein Studium der bildenden Künste an der École Nationale des Beaux-Arts de Lyon im Jahr 2007 mit Auszeichnung und erhielt von 2009 bis 2011 das renommierte Residenzstipendium an der Cité Internationale des Arts in Paris. Jüngst wurden seine Werke in Einzelausstellungen, unter anderem am Institute of Contemporary Art in Miami (2016), bei Fahrenheit in Los Angeles (*GLMAOUR*, in Zusammenarbeit mit Anina Troesch und Hardy Hill, 2016), in der Nationalgalerie in Prag (*Presidential Lounge,* 2015) und im Autocenter Berlin (*Dump Shell,* 2014) präsentiert. *When Tania arrived at home* und *Home* waren zuletzt die Titel seiner Galerieausstellungen: 2016 bei Crèvecoeur in Paris und 2015 bei William Arnold in New York. Zudem waren seine Werke bereits in zahlreichen Gruppenausstellungen zu sehen, beispielsweise anlässlich der *Triennial:*

Surround Audience im New Museum in New York (2015) und in der Ausstellung *Inside China. L'intérieur du géant*, die 2014 bis 2015 als Kooperation zwischen dem Shanghai chi K11 art museum in Shanghai, K11 Art Foundation Pop-Up Space in Hongkong und dem Palais de Tokyo in Paris stattfand.

Renaud Jerez finished his studies in fine arts at the École Nationale des Beaux-Arts de Lyon in 2007 with distinction and was later awarded the renowned Cité Internationale des Arts grant for a residency in Paris from 2009 to 2011. Most recently, his works have been seen in solo shows at venues such as the Institute of Contemporary Art in Miami (2016), Fahrenheit in Los Angeles (*GLMAOUR*, in collaboration with Anina Troesch and Hardy Hill, 2016), the National Gallery in Prague (*Presidential Lounge*, 2015) and at the Autocenter Berlin (*Dump Shell*, 2014). *When Tania Arrived at Home* and *Home* were the titles of his latest gallery shows, one at Crèvecoeur in Paris in 2016 and the other at William Arnold in New York in 2015. Jerez's artworks have also been presented in many group exhibitions, such as the *Triennial: Surround Audience* at the New Museum in New York (2015) and *Inside China. L'intérieur du géant*, a collaborative show that took place from 2014 to 2015, involving the Shanghai chi K11 art museum in Shanghai, the K11 Art Foundation Pop-Up Space in Hongkong and the Palais de Tokyo in Paris.

Kris Lemsalu

* 1985 in Tallinn, Estland / Estonia; lebt / lives in Tallinn und / and Berlin

An ihr Keramikstudium an der Estonian Academy of Arts in Tallinn von 2004 bis 2008 schloss Kris Lemsalu ein Designstudium an der Danmarks Designskole in Kopenhagen (2008–2009) an, bevor sie 2010 bis 2014 bei Monica Bonvicini an der Akademie der bildenden Künste Wien Bildhauerei studierte. 2016 widmeten die Tallinn Art Hall mit *Beauty and the Beast* (mit Tiit Pääsuke) und der Kunstraum Lakeside in Klagenfurt mit *Afternoon Tear Drinker* der Künstlerin Solopräsentationen. Zuvor hatte sie Galerieausstellungen unter anderem in der Bunshitu Gallery in Tokio (*Blood Knot Step By Step*, 2015), der Ferdinand Bauman Gallery in Prag (*Fine With Afterlife*, 2015) und in der Temnikova & Kasela Gallery in Tallinn (*Lord, Got To Keep On Groovin*, 2014). Im gleichen Jahr performte sie mit der Gruppe Gelatin im Cabaret Voltaire auf der Manifesta 11 in Zürich und nahm beispielsweise an den Ausstellungen *Yoga Dog* in der Galerie Kai Erdmann in Hamburg, *On Disappearing & For Vanishing* im Tartu Art Museum in Tartu (Estland), *Jumanji* im Soft Focus Institute in Gent und *Meaning Can only Grow out of Intimacy* (kuratiert von Elise Lammer) beim Les Urbaines Festival in Lausanne, teil. Zu ihren Projekten im Jahr 2017 zählen die Ausstellungen im Condo Project (mit Koppe Astner) bei Southard Reid, London, *Aftermieter* im Haus Mödrath in Kerpen und *Physical Mind Restless Hands* in der Galerie Micky Schubert in Berlin.

After studying ceramics at the Estonian Academy of Arts in Tallinn from 2004 to 2008, Kris Lemsalu studied design at the Royal Danish Academy of Fine Arts School of Architecture, Design and Conservation in Copenhagen (2008–2009), before moving on to study sculpture under Monica Bonvicini at the Akademie der bildenden Künste in Vienna from 2010 to 2014. In 2016 the Tallinn Art Hall devoted a show to her and Tiit Pääsuke, titled *Beauty and the Beast*, and the Kunstraum Lakeside in Klagenfurt presented a solo show, *Afternoon Tear Drinker*. Prior to that, her work was seen in a variety of galleries, including the Bunshitu Gallery in Tokyo (*Blood Knot Step by Step*, 2015), the Ferdinand Bauman Gallery in Prague (*Fine With Afterlife*, 2015), and the Temnikova & Kasela Gallery in Tallinn (*Lord, Got to Keep on Groovin*, 2014). That same year she performed with the group Gelatin at the Cabaret Voltaire as part of Manifesta 11 in Zurich, and also participated in group shows such as *Yoga Dog* at the Galerie Kai Erdmann in Hamburg, *On Disappearing & For Vanishing* at the Tartu Art Museum in Tartu (Estonia), *Jumanji* at the Soft Focus Institute in Ghent, and *Meaning Can only Grow out of Intimacy*, curated by Elise Lammer, Les Urbaines festival, Lausanne. Her 2017 projects include presentations at Condo project with Koppe Astner hosted by Southard Reid, London, *Aftermieter* at Haus Mödrath, Kerpen, *Physical Mind Restless Hands* at the Galerie Micky Schubert, Berlin.

Mary-Audrey Ramirez

* 1990 in Luxemburg / Luxembourg; lebt / lives in Berlin

Während ihres Studiums an der Universität der Künste in Berlin in der Klasse von Thomas Zipp von 2010 bis 2016 absolvierte Mary-Audrey Ramirez 2014 ein Auslandssemester bei Justin Carter an der Glasgow School of Art. Im gleichen Jahr wurde sie mit dem Takifuji Arts Award, Tokio, und einem Stipendium der Stiftung Ursula Hanke-Förster in Berlin ausgezeichnet. Daran schloss sich ein Stipendium der Stiftung Ulrich und Burga Knispel in Berlin an, in dessen Rahmen die Künstlerin 2016 eine Einzelausstellung in der Galerie Bernau erhielt. Neben Performances wie *Setzen Waarden Opgin*, Luxemburg (2011), war Ramirez' Schaffen bisher in zahlreichen Gruppenausstellungen zu sehen. In Düsseldorf wurden ihre Werke bereits in der Gruppenausstellung *Ali Altin / Özlem Altin, Eli Cortiñas, Hyojin Jeong, Takeshi Makishima, Mary-Audrey Ramirez* (kuratiert von Pia Witzmann, 2014) im Kunstraum präsentiert. In der Galerie Martinetz in Köln war die Künstlerin im Jahr 2015 in der Gruppenschau *House of Pain* (kuratiert von Veit Loers) vertreten. Ihre Soloausstellungen *Gekkering* (2015) und *Scrolling and Crying* (2017) waren ebenfalls bei Martinetz zu sehen.

While a member of Thomas Zipp's class at the University of the Arts in Berlin from 2010 to 2016, Mary-Audrey Ramirez also completed a semester abroad in 2014, studying under Justin Carter at the Glasgow School of Art. That same year she was honored with the Takifuji Arts Award (Tokyo), as well as with a grant from the Stiftung Ursula Hanke-Förster in Berlin. Following that, she received a grant from the Stiftung Ulrich und Burga Knispel in Berlin, which hosted a solo show for the artist in 2016 at the Galerie Bernau. Besides performances such as *Setzen Waarden Opgin*, Luxembourg (2011), Ramirez's artwork has been featured in numerous group shows. Her works have been on display in Düsseldorf, as part of the group exhibition *Ali Altin / Özlem Altin, Eli Cortiñas, Hyojin Jeong, Takeshi Makishima, Mary-Audrey Ramirez* (curated by Pia Witzmann, 2014) at the Kunstraum. In 2015 the artist was represented in a group show at the Galerie Martinetz in Cologne, titled *House of Pain* (curated by Veit Loers). Her solo shows *Gekkering* (2015) and Scrolling and Crying (2017) were on view also at the gallery Martinetz.

Impressum
Imprint

Dieser Katalog erscheint anlässlich der Ausstellung / This catalog is published on the occasion of the exihibtion:

METAMORPHOSIS
Habima Fuchs, Thomas Helbig, Renaud Jerez, Kris Lemsalu, Mary-Audrey Ramirez

KAI | Arthena Foundation, Düsseldorf
4.3.–27.5.2017

Kurator / curator:
Zdenek Felix

Besonderer Dank an / special thanks to: Guido W. Baudach, Berlin, Zuzana Blochova, Prag / Prague, Axel Dibie, Paris, Michal Manek, Prag / Prague, Petra Martinetz, Köln / Cologne, Olga Temnikova, Tallinn

Koordination der Ausstellung / exhibition coordination: Marion Eisele, Julia Schleis
Assistenz / assistance: Sabine Allroggen, Susanne Kalf-Muhtaroglu, Birgit Popien, Waltraut Sesko

Dank an / thanks to: Matthias Grotevent, Bianca Grüger, Gabriele Max, Anna-Lena Meisenberg, Maik Prus, Thomas Reul, Jürgen Staack

Weitere Ausstellungsorte / other venues:

Galerie Guido W. Baudach, Berlin
10.3.–15.4.2017
Koordination der Ausstellung / exhibition coordination: Caroline Curtius, Pauline Colin

Galerie SVIT, Prag / Prague
5.6.–9.7.2017
Koordination der Ausstellung / exhibition coordination: Michael Manek, Pavel Svec

Gesamtherstellung / production:
DZA Druckerei zu Altenburg GmbH

Vertrieb / distribution
Gestalten Berlin
www.gestalten.com
sales@gestalten.com
ISBN 978-3-95476-192-0

Printed in Germany

Erschienen im / published by
DISTANZ Verlag
www.distanz.de

Katalog / catalog:

Herausgeber / editor:
KAI 10 | Arthena Foundation, Düsseldorf

Konzeption des Kataloges / catalog conception:
Zdenek Felix

Redaktion / editing:
Marion Eisele, Julia Schleis

Texte / texts:
Zdenek Felix, Dominikus Müller, Monika Schnetkamp, Cora Waschke

Übersetzung / translation:
Allison Moseley (S. / pp. 8, 13–15, 62–65, 76–77, 86–87), Penny Eifrig (S. / pp. 22–23, 34–35, 47–49)

Lektorat / copy editing:
Marion Eisele, Julia Schleis, Susanne Kalf-Muhtaroglu, Julia Höner

Gestaltung / design:
WIGEL, Petra Lüer

Fotonachweis / photo credits: Roman März, außer für / except for:
Foto: Tomáš Souček, Courtesy die Künstlerin / the artist & SVIT Prag / Prague (S. / pp. 2, 16, 21); Courtesy die Künstlerin / the artist & Warhus Rittershaus, Köln / Cologne (S. / p. 23); Foto © Tate, London 2015 (S. / p. 45); Foto & Courtesy der Künstler / the artist & Crèvecoeur, Paris (S. / p. 46); © MASH · ROOM Co., Ltd. / Kodansha Ltd. (S. / p. 48); Foto & Courtesy die Künstlerin / the artist & Temnikova & Kasela, Tallinn (S. / pp. 58, 59), Foto: Konrad Helbig © Deutsche Fotothek (S. / p. 62); Foto: Johanna Ulfsak, Courtesy die Künstlerin / the artist & Temnikova & Kasela, Tallinn (S. / p. 63), Foto: Julie Wieland, Courtesy die Künstlerin / the artist & Martinetz, Köln / Cologne (S. / p. 74); Courtesy die Künstlerin / the artist & Martinetz, Köln / Cologne (S. 76); Foto: Tamara Lorenz, Courtesy die Künstlerin / the artist & Martinetz, Köln / Cologne (S. / p. 77)

Lithografie / image editing:
Henning Krause

KAI 10 | ARTHENA FOUNDATION

Kaistraße 10
40221 Düsseldorf
Tel. +49 (0) 211 99 434 130
Fax +49 (0) 211 99 434 131
info@kaistrasse10.de
www.kaistrasse10.de